U0214016

广东重点保护野生植物

THE KEY PROTECTED PLANTS OF GUANGDONG

王瑞江 / 主编

SPM 南方出版传媒
广东科技出版社 | 全国优秀出版社
·广 州·

图书在版编目（CIP）数据

广东重点保护野生植物 / 王瑞江主编．—广州：广东科技出版社，2019.8
ISBN 978-7-5359-7161-6

Ⅰ．①广…　Ⅱ．①王…　Ⅲ．①野生植物—介绍—广东　Ⅳ．① Q948.565

中国版本图书馆 CIP 数据核字（2019）第 139057 号

广东重点保护野生植物

出 版 人：朱文清
责任编辑：罗孝政　尉义明
封面设计：柳国雄
责任校对：杨崚松
责任印制：彭海波
出版发行：广东科技出版社
（广州市环市东路水荫路 11 号　邮码：510075）
http：//www.gdstp.com.cn
E-mail：gdkjyxb@gdstp.com.cn（营销）
E-mail：gdkjzbb@gdstp.com.cn（编务室）
经　　销：广东新华发行集团股份有限公司
印　　刷：广州市岭美文化科技有限公司
（广州市荔湾区花地大道南海南工商贸易区 A 幢　邮政编码：510385）
规　　格：889 mm×1 194 mm　1/16　印张 23　字数 450 千
版　　次：2019 年 8 月第 1 版
2019 年 8 月第 1 次印刷
定　　价：288.00 元

《广东重点保护野生植物》编委会

The Key Protected Wild Plants of Guangdong

Editorial Committee

Editorial Members (in alphabetic order):

Chen Huacan, Chen Jianbing, Chen Rongbin, Gong Yuening, Hou Fanghui, Li Ming, Li Tao, Li Yufeng, Liang Xiaodong, Meng Meng, Peng Huagui, Wang Gangtao, Wang Jianrong, Wang Juan, Wang Ruijiang, Xu Weiqiang, Yuan Mingdeng, Zhang Chaoming, Zhang Lingling, Zhang Xuedong, Zhong Zhiming, Zou Jiejian

Photographers: Cao Changqing, Chen Bin, Chen Binghui, Chen Hongfeng, Chen Lijun, Chen Liangjun, Chen Shipin, Chen Xuhui, Chen Yuqiang, Chen Zaixiong, Dong Shiyong, Duan Jun, Du Wei, Guo Yanan, Han Zhoudong, He Chunmei, Hou Manfu, Hu Aiqun, Huang Guangwen, Huang Mingzhong, Huang Xiangxu, Jiang Guobin, Jiang Lei, Jiang Tianmu, Jin Xiaohua, Li Fuchao, Li Jianrong, Li Lin Li Shijin, Li Xiaojun, Li Youyu, Li Youyu, Li Yuling, Liang Dan, Lin Jian, Lin Jianyong, Lin Xipo, Liu Ang, Liu Bing, Liu Jun, Liu Kun, Liu Meng, Liu Qing, Liu Yueyao, Liu Zhongjian, Luo Jinlong, Shi Guozheng, Shu Zufei, Tian Huaizhen, Wang Gangtao, Wang Ruijiang, Wang Xiaoyun, Wen Fang, Wu Difei, Wu Donghao, Wu Guoyi, Xiao Limeng, Xiao Shaojun, Xing Fuwu, Xue Bine, Xu Yechun, Xu Yi, Yang Ping, Ye Huagu, Ye Xiyang, Yi Qifei, Yu Shengxiang, Yu Xunlin, Yuan Langxing, Yuan Mingdeng, Zeng Xianfeng, Zeng Youpai, Zhang Wei, Zhang Yazhou, Zhang Ying, Zheng Hailei, Zheng Xirong, Zhong Jincheng, Zhong Zhiming, Zhou Lianxuan, Zhou Xinxin, Zhu Renbin, Zhu Xinxin, Zhu Yiyao, Zou Bin

Reviewers: Jin Xiaohua, Chen Zhongyi

本书的出版得到以下项目的资助
Financially Supported by

2018 年乡村振兴战略专项资金（森林资源培育及管护、林业产业发展）

广东省重点保护野生植物调查及图谱编著

2017 年广东省财政“三农”省级工作经费

广东省重点保护野生植物名录制定

广州市野生动植物保护管理办公室

广州市陆生野生动植物资源本底调查（SYZFCG-[2017]032）

中国科学院科技服务网络计划项目

中国植物园联盟建设（Ⅱ期）：本土植物全覆盖保护计划（KFJ-3W-No.1）

科技部财政部国家科技基础资源共享服务平台

国家重要野生植物种质资源共享服务平台

内容简介

本书收录广东省重点保护野生植物共311种（含种下分类单位），包括57种国家重点保护野生植物和20种广东省重点保护野生植物及广东省234种野生兰科植物。植物种类介绍以图片为主，辅以简短文字说明，力求方便实用，便于鉴别对照。本书可为植物资源调查和监测人员提供野外指导，也可供行政管理和执法人员作为工作参考书。另外，也可为大学生、中小学生及野生植物爱好者了解本区域生物多样性状况提供指南，并为区域生物多样性保护和生态文明建设提供重要基础资料。

Summary

A total of 311 wild plants，including 57 national and 20 provincial protected species，as well as all 234 wild orchids distributed naturally in Guangdong province，are introduced with concise descriptions and colorful images. The book can be not only a practical guide for researchers to investigate and monitor the plants in the field，but an important reference for governmental managers and law enforcement officers to know well about the valuable plant resources in Guangdong. In addition，it can be a popular guidebook for students and folk plant enthusiasts to understand the serious biodiversity situation. Moreover，the book can also provide basic information for regional biodiversity conservation and ecological civilization construction.

前　言

广东省南临南海，珠江口东西两侧分别与香港特别行政区、澳门特别行政区接壤，西南部雷州半岛隔琼州海峡与海南省相望。全境位于20° 09′ N~25° 31′ N和109° 45′ E~117° 20′ E，土地面积17.97万km^2，其中岛屿面积1 448 km^2。广东省地貌类型复杂多样，有山地、丘陵、台地和平原，地势总体北高南低，北部多为山地和高丘陵，南部则为平原和台地。地貌基岩岩石以花岗岩最为普遍，砂岩和变质岩也较多，粤西北还有较大片的石灰岩分布，此外局部有丹霞地貌，沿海地区有数量众多的沙滩和珊瑚礁。广东省属于东亚季风区，从北向南分别为中亚热带、南亚热带和热带气候，是全国光、热和水资源最丰富的地区之一。

良好的自然和地理条件为野生动植物的生长和繁衍提供了天然的生存场所。野生动植物资源是自然生态系统的重要组成部分，是保障社会可持续发展不可缺少的战略资源。保护野生动植物资源，维护生物多样性，对于维护生态平衡，改善生态环境，实现党的十九大报告所提出的“坚持人与自然和谐共生”“建设美丽中国”等具有十分重要的意义。

近年来，随着经济发展和人们对野生的药用、食用、材用、观赏等植物的需求过于偏激，一些地区的生态系统和植物资源受到严重干扰，这使得需要保护的植物种类越来越多。为响应党的十九大提出的关于建设生态文明的号召，做好广东省珍稀濒危野生植物的保护工作，2017年8月30日，原广东省林业厅会同中国科学院华南植物园组成项目组，共同推动广东省重点保护野生植物名录的研究和编制工作。2018年11月29日，广东省人民政府正式公布《广东省重点保护野生植物名录（第一批）》，包括中华双扇蕨、猪血木、虎颜花等20种野生植物。

为了使广东省内的野生植物资源得到更好的保护，在广东省林业局的支持下，我们将自然分布于广东省的列入《国家重点保护野生植物名录（第一批）》的57种植物、《广东省重点保护野生植物名录（第一批）》的20种植物及所有列入《濒危野生动植物种国际贸易公约》（CITES）附录的234种兰科植物种以图鉴的形式整理成册，希望此书能为广大植物保护工作者提供工作上的便利，促进广东省生物多样性保护事业的发展和生态文明的建设。

为了体现植物分类学的最新成果，本书采用近年来基于分子系统学研究结果而形成的新的分类系统，即蕨类植物依据PPG I系统（The Pteridophyte Phylogeny Group，2016），裸子植物采用克氏系统（Christenhusz *et al.*，2011），被子植物采用APG Ⅳ（The Angiosperm Phylogeny Group，2016）系统。在物种归属的属级水平上和目前接受的学名，主要遵从了*Flora of China*对物种的处理，但也参考了最新的分类学研究结果，以求物种学名的权威、规范和统一。另外，在种的名称上，对于有种下分类单位而只列出其种级学名的物种，则特指其原变种、原亚科或原变型。

此外，本书还尽可能提供了每个种的模式产地信息，以供读者查阅参考。需要说明的是，模式标本采集地仅记载为印度东部（India Oritenal）的一些种类，目前可能为尼泊尔、缅甸或孟加拉国的一部分。对于省内产地名称，书中的市级名称仅包括其直辖的区域，而代管或其他独立县级区域则会单独列出，如肇庆，仅代表了端州区、鼎湖区和高要三个区。物种产地和分布则依据拼写首字母的英文顺序列出。

诚挚感谢中国科学院华南植物园的领导，特别是任海主任多次进行指导，并提出了许多中肯和宝贵建议。

衷心感谢来自中国科学院华南植物园、中国科学院植物研究所、中国科学院昆明植物研究所、中国科学院西双版纳植物园、广西壮族自治区中国科学院植物研究所、深圳市中国科学院仙湖植物园、中山大学、华南师范大学、华南农业大学、仲恺农业工程学院、韩山师范学院、国家兰科植物种质资源保护中心和广东杨东山十二度水省级自然保护区等省内外 13 个单位共 40 位专家为推出《广东省重点保护野生植物名录（第一批）》所提供的鼎力帮助！他们或是耄耋学者，或是中年骨干，或是青年才俊；他们有的来自科研院校，有的在自然保护区长期从事一线调查和保护工作，有的是民间植物爱好者；他们有的是植物专科专属的分类学家，有的是经常在野外调查和采集的工作人员。他们认认真真的工作态度、兢兢业业的科学精神、一丝不苟的严谨作风和扎实丰富的专业素养，使我们深受感动和受益良多。

非常感谢本书各位编写人员的辛勤劳动，从文字材料的编辑和整理到物种图片的收集和鉴定，他们夜以继日的勤奋工作，使我们能够在较短的时间内尽可能收集到每个种的照片。有时为了找一个物种的图片，他们去野外补拍，四处寻找，为本书的顺利出版付出了大量心血。尽管如此，仍有少部分植物种类的野生种群照片未能收集齐全，只能以模式标本的图片代替。

深深感谢为本书提供图片的老师、同学和朋友！这些精美植物照片为本书增添了光彩。

特别感谢中国科学院植物研究所的金效华博士在百忙之中审核本书兰科植物照片，他渊博的兰科植物分类学知识和豁达求真的科学精神深深感染了我们。

感谢参与数据整理的各位同事、研究助理和研究生们，他们对国内大量文献和省内大量基础数据的分析和整理，保障了本书的顺利出版。

由于个别种类缺少彩色照片，本书也使用了来自 HK、IBSC、PE 等标本馆的部分模式标本图片进行形态特征补充，感谢以上标本馆工作人员给予的帮助和支持。

感谢 Biodiversity Heritage Library（www.biodiversitylibrary.org）、Botanicus Digital Library（www.botanicus.org）、Tropicos（www.tropicos.org）等提供数字化文献查阅和国家标本平台

（www.nsii.org.cn）、中国数字植物标本馆（www.cvh.ac.cn）及 JSTOR Global Plants（plants.jstor.org）等提供数字化植物标本检视的便利。

由于受到专业水平限制，尤其是一些兰科植物图片的数量和细节特征准备不够丰富，使得本书存在一些不足之处，请读者提出宝贵意见，以便我们及时修订。

2019 年 2 月

Editors' Preface

Guangdong province is located in south China. It covers 179700 km^2, with diverse geographical and geological structure, including mountains and hills in north and west areas and lowlands and plains in central and south areas. The warm temperature, rich participation, and sufficient illumination provided excellent habitats for the various wild animals and plants, which have been providing much valuable resources for the mankind and guaranteeing the sustainable development of the society. The wild biodiversity therefore can be the main basis to maintain the harmonious coexistence between man and nature.

In the past tens of years, the improper use and unsustainable collection of the wild and natural medicinal, edible, timber and ornamental plants decreased the larger amount of the plant resources and even destroyed the stability of ecosystem and increased the number of rare and endangered or even the extinction of plant species. In order to protect the plant resources and maintain the sustainable development, Guangdong Forestry Department and South China Botanical Garden, Chinese Academy of Sciences, launched a project to evaluate the endangered status of every wild plant in August 2017. After that 20 wild plants needed to be immediately protected were selected and recommended as the provincial protected species. In November 2018, Guangdong Province Government formally announced the "List of key protected wild plants of Guangdong Province (the first batch)" .

Besides these 20 provincial, 57 national key protected species and all 234 orchids, in total of 311 species, distributed in Guangdong province, are involved in this book, with the brief morphological introduction, distribution and protecting status, etc. The taxonomic systems follow PPG I (2016) for pteridophytes, Christenhusz *et al.* (2011) for gymnosperms, and APG Ⅳ (2016) for angiosperms. The accepted names are mainly in agreement with those of Flora of China. The type information is provided as possible as we can.

I am grateful, with highest gratitude, to the all taxonomic experts from national institutes, botanical gardens, universities and nature reserves for helping evaluate every species according to the IUCN Red List categories and criteria. The outcome provided important information and made the selection of provincial key protected plants a reality.

I would also like to acknowledge all contributors who shared their digital images and taxonomic knowledge without reservation.

I wish to thank every one in my research team. It is their voluntary collaboration that ensure the complement of the book in time.

Special thanks also should be extended to some herbaria and websites for providing digital specimens and literatures, which made our work much convenient and efficient.

I hope this document will be taken as an important tool in biodiversity conservation and sustainable development.

Wang Ruijiang

February 2019

目 录 Contents

第一章 广东重点保护野生植物现状

Chapter Ⅰ Status of the Key Protected Wild Plants of Guangdong

第二章 广东重点保护野生植物图鉴

Chapter Ⅱ Photography of the Key Protected Wild Plants of Guangdong

第一章
广东重点保护野生植物现状

Chapter Ⅰ
Status of the Key Protected Wild Plants of Guangdong

重点保护野生植物包括具有重要经济、科学研究、文化价值的珍贵植物，濒危植物和稀有植物，涵盖国家重点保护野生植物、省重点保护野生植物及列入《濒危野生动植物种国际贸易公约》（CITES）附录的野生植物等。

珍贵植物是指在经济、科研、文化和教育等方面具有特殊重要价值，而其分布有一定局限性、种群数量又很少的植物。濒危植物是指物种在其分布的全部或显著范围内有随时灭绝的危险。这些植物通常数量稀少、狭域分布，仅存在于特定的生境中。稀有植物是指那些并不是立即有绝灭危险，中国特有的单型科、单型属或寡种属的代表种类。这些物种往往个体稀少，虽没有处于受威胁状态，但由于地理分布上的局限，当有不利于其生长或繁殖的因素出现时，就易造成渐危或濒危状态，而且比较难于补救。

客观地说，重点保护野生植物的名录应该是动态变化的。也就是说，随着人们保护力度的不断加强，一些原来濒危的植物种类居群和个体在其分布区得到了有效扩充，其遗传多样性得到有效恢复，这类植物就不应再列入保护名录。相反，由于人类活动、自然灾害或物种本身的因素等，一些原来比较常见的植物会变得十分稀少，其居群和个体数量锐减，遗传多样性面临丧失的境地，因此，这类植物应及早得到保护。这样，生物多样性才能得到及时、有效、迅速的保护和恢复，从而实现人与自然的和谐相处。

广东重点保护野生植物主要包括自然分布于广东省的《国家重点保护野生植物名录（第一批）》和《广东省重点保护野生植物名录（第一批）》及广东省内所有兰科植物。这些植物并不是广东省目前需要保护野生植物种类的全部，对于其他需要保护的植物以后还会不断得到补充。

1．广东省分布的国家重点保护野生植物

根据国家林业局和农业部（1999）共同颁布的《国家重点保护野生植物名录（第一批）》和王瑞江（2017）主编的《广东维管植物多样性编目》等资料，统计到广东省行政区域内分布有国家重点保护野生植物共55种1变种1亚种，隶属34科48属，其中，蕨类植物有12种，裸子植物有6种1变种，被子植物有37种1亚种（表1）。

表1　广东省分布的《国家重点保护野生植物名录（第一批）》名单

序号	科名	中文名	学　名	保护级别
1	水韭科	中华水韭	*Isoëtes sinensis* Palmer	I
2	瓶尔小草科	七指蕨	*Helminthostachys zeylanica*（L.）Hook.	II
3	金毛狗蕨科	金毛狗蕨	*Cibotium barometz*（L.）J. Sm.	II
4	桫椤科	中华桫椤	*Alsophila costularis* Baker	II
5	桫椤科	粗齿桫椤	*Alsophila denticulata* Baker	II
6	桫椤科	大叶黑桫椤	*Alsophila gigantea* Wall. ex Hook.	II

（续表）

序号	科名	中文名	学　名	保护级别
7	桫椤科	小黑桫椤	*Alsophila metteniana* Hance	Ⅱ
8	桫椤科	黑桫椤	*Alsophila podophylla* Hook.	Ⅱ
9	桫椤科	桫椤	*Alsophila spinulosa*（Wall. ex Hook.）R. M. Tryon	Ⅱ
10	桫椤科	白桫椤	*Sphaeropteris brunonia*（Wall. ex Hook.）R. M. Tryon	Ⅱ
11	凤尾蕨科	水蕨	*Ceratopteris thalictroides*（L.）Brongn.	Ⅱ
12	乌毛蕨科	苏铁蕨	*Brainea insignis*（Hook.）J. Sm.	Ⅱ
13	苏铁科	广东苏铁	*Cycas taiwaniana* Carr.	Ⅰ
14	松科	华南五针松	*Pinus kwangtungensis* Chun & Tsiang	Ⅱ
15	柏科	福建柏	*Fokienia hodginsii*（Dunn）A. Henry & H. H. Thomas	Ⅱ
16	柏科	水松	*Glyptostrobus pensilis*（Staunton ex D. Don）K. Koch	Ⅰ
17	红豆杉科	篦子三尖杉	*Cephalotaxus oliveri* Mast.	Ⅱ
18	红豆杉科	白豆杉	*Pseudotaxus chienii*（W. C. Cheng）W. C. Cheng	Ⅱ
19	红豆杉科	南方红豆杉	*Taxus wallichiana* Zucc. var. *mairei*（Lemée & H. Lév.）L. K. Fu & Nan Li	Ⅰ
20	莼菜科	莼菜	*Brasenia schreberi* J. F. Gmel.	Ⅰ
21	木兰科	厚叶木莲	*Manglietia pachyphylla* Hung T. Chang	Ⅱ
22	木兰科	石碌含笑	*Michelia shiluensis* Chun & Y. F. Wu	Ⅱ
23	樟科	樟树	*Cinnamomum camphora*（L.）Presl	Ⅱ
24	樟科	卵叶桂	*Cinnamomum rigidissimum* Hung T. Chang	Ⅱ
25	樟科	闽楠	*Phoebe bournei*（Hemsl.）Yen C. Yang	Ⅱ
26	禾本科	酸竹	*Acidosasa chinensis* C. D. Chu & C. S. Chao ex Keng f.	Ⅱ
27	禾本科	药用稻	*Oryza officinalis* Wall. ex G. Watt	Ⅱ
28	禾本科	野生稻	*Oryza rufipogon* Griff.	Ⅱ
29	禾本科	拟高粱	*Sorghum propinquum*（Kunth）Hitchc.	Ⅱ
30	禾本科	中华结缕草	*Zoysia sinica* Hance	Ⅱ
31	阿丁枫科	半枫荷	*Semiliquidambar cathayensis* Hung T. Chang	Ⅱ
32	金缕梅科	长柄双花木	*Disanthus cercidifolius* Maxim. subsp. *longipes*（Hung T. Chang）K. Y. Pan	Ⅱ
33	金缕梅科	四药门花	*Loropetalum subcordatum*（Benth.）Oliv.	Ⅱ
34	金莲木科	合柱金莲木	*Sauvagesia rhodoleuca*（Diels）M. C. E. Amaral	Ⅰ
35	豆科	格木	*Erythrophleum fordii* Oliv.	Ⅱ
36	豆科	山豆根	*Euchresta japonica* Hook. f. ex Regel	Ⅱ
37	豆科	野大豆	*Glycine soja* Siebold & Zucc.	Ⅱ
38	豆科	短绒野大豆	*Glycine tomentella* Hayata	Ⅱ
39	豆科	花榈木	*Ormosia henryi* Prain	Ⅱ
40	豆科	任豆	*Zenia insignis* Chun	Ⅱ
41	榆科	大叶榉树	*Zelkova schneideriana* Hand.-Mazz.	Ⅱ
42	壳斗科	华南锥	*Castanopsis concinna*（Champ. ex Benth.）A. DC.	Ⅱ

（续表）

序号	科名	中文名	学　名	保护级别
43	千屈菜科	细果野菱	*Trapa incisa* Siebold & Zucc.	Ⅱ
44	无患子科	伞花木	*Eurycorymbus cavaleriei*（H. Lévl.）Rehder & Hand.-Mazz.	Ⅱ
45	楝科	红椿	*Toona ciliata* M. Roem.	Ⅱ
46	锦葵科	丹霞梧桐	*Firmiana danxiaensis* H. H. Hsue & H. S. Kiu	Ⅱ
47	瑞香科	土沉香	*Aquilaria sinensis*（Lour.）Spreng.	Ⅱ
48	叠珠树科	伯乐树	*Bretschneidera sinensis* Hemsl.	Ⅰ
49	蓼科	金荞麦	*Fagopyrum dibotrys*（D. Don）Hara	Ⅱ
50	蓝果树科	喜树	*Camptotheca acuminata* Decne.	Ⅱ
51	山榄科	紫荆木	*Madhuca pasquieri*（Dubard）H. J. Lam	Ⅱ
52	茜草科	绣球茜	*Dunnia sinensis* Tutcher	Ⅱ
53	茜草科	香果树	*Emmenopterys henryi* Oliv.	Ⅱ
54	夹竹桃科	驼峰藤	*Merrillanthus hainanensis* Chun & Tsiang	Ⅱ
55	苦苣苔科	报春苣苔	*Primulina tabacum* Hance	Ⅰ
56	唇形科	苦梓	*Gmelina hainanensis* Oliv.	Ⅱ
57	伞形科	珊瑚菜	*Glehnia littoralis* F. Schmidt ex Miq.	Ⅱ

除了参考世界自然保护联盟（IUCN）评估等级之外，对每个种类还尽可能列出国家林业局和农业部（1999）的保护等级、环境保护部和中国科学院（2013）、覃海宁等（2017）及广东省研究团队对这些植物进行区域濒危等级进行评估的结果。对裸子植物的濒危等级评估，本书还参考了杨永等（2017）的结果。

广东省分布有国家Ⅰ级重点保护野生植物7种1变种，国家Ⅱ级重点保护野生植物48种1亚种。

依据世界自然保护联盟相关评估标准和等级（IUCN，2001、2012a、2012b），并遵从最新的评估指南（IUCN，2017），对这些种在广东省级水平上进行濒危状况评估，结果表明，广东省有“地区灭绝（Regionally Extinct，RE）”等级植物3种，即中华水韭 *Isoëtes sinensis*、七指蕨 *Helminthostachys zeylanica* 和白桫椤 *Sphaeropteris brunonia*，前两种是由于生境地的丧失而可能野外灭绝，第三种则是由于2008年严重冻害而死亡；“极危（Critically Endangered，CR）”等级8种；“濒危（Endangered，EN）”等级10种1亚种；“易危（Vulnerable，VU）”等级13种1变种；“近危（Near Threatened，NT）”等级9种；“无危（Least Concern，LC）”等级11种；“数据缺乏（Data Deficient，DD）”等级1种。

在57种植物的名单中，还包括中国特有种22种，其中4种为广东特有种，分别是厚叶木莲 *Manglietia pachyphylla*、酸竹 *Acidosasa chinensis*、丹霞梧桐 *Firmiana danxiaensis* 和绣球茜 *Dunnia sinensis*。

在植物种类上，本书只收录了产自广东省的野生植物。如原来记载的国家Ⅱ级重点保护野生

植物厚朴 *Houpöea officinalis*（Rehder & E. H. Wilson）N. H. Xia & C. Y. Wu 和凹叶厚朴 *Magnolia officinalis* Rehder & E. H. Wilson subsp. *biloba*（Rehder & E. H. Wilson）Cheng & Law 已经被归并（Xia *et al.*，2008），且经过多地多人次访问证实广东省境内并无此种的野生居群存在。另外，任海等（2016）将银杏收录为广东省珍稀濒危植物，认为南雄仍存在野生种群，但经查阅其所引用的研究银杏种群遗传多样性的相关文献资料，发现并无此结论。还有，在广泛的野外居群观察和形态特征分析基础上，Deng & Zhang（2006）认为模式标本采自广西金秀县瑶山，曾经被认为在广东有分布的茜草科植物异形玉叶金花 *Mussaenda anomala* H. L. Li 为黐花 *M. esquirolii* H. Lèv. 的一种非正常变异，并将之进行了归并。

本书对于植物学名的使用基本上遵从 *Flora of China* 的处理，如将仙湖苏铁 *Cycas fairylakea* D. Y. Wang 作为广东苏铁（也称闽粤苏铁、台湾苏铁）*C. taiwaniana* 的异名，而不再作为一独立种。

还有，在广东省内分布的 57 种国家重点保护野生植物中，有些种经过多年的生态保护和物种保育，其种群已经基本上得到有效恢复。如蕨类植物金毛狗蕨 *Cibotium barometz* 在次生林下已经成为较为常见的物种，樟科的樟树 *Cinnamomum camphora* 已经普遍栽培用于街道树，豆科的任豆 *Zenia insignis* 在广东北部低海拔石灰岩地区也很普遍，蓝果树科的喜树 *Camptotheca acuminata* 也比较常见，在广西和云南已经作为行道树栽植。也有的种因为分类学命名的处理而使其种群规模扩大，如楝科的红椿 *Toona ciliata*、毛红椿 *T. ciliata* var. *pubescens*（Franch.）Hand.-Mazz. 均为国家Ⅱ级重点保护野生植物，*Flora of China* 将红椿的变种，如毛红椿、疏花红椿 *T. ciliata* var. *sublaxiflora*（C. DC.）C. Y. Wu 和滇红椿 *T. ciliata* var. *yunnanensis*（C. DC.）Harms 等均归并为原变种（Peng & Edmonds，2008），这使得其在地理分布上扩大至我国长江以南地区，种群和个体数量也大大增加，根据 IUCN 的相关等级标准，可被评估为“无危 LC”状态。因此，我们建议将这些种进行解濒处理，一方面可以提高保护政策的可执行性，维护法律法规的权威性；另一方面也可以将目前有限的生态保护资金用于更亟须保护的物种上，使国家政策、行政执法和保护行动形成合力，切实推动我国的生态文明建设，为全面建成小康社会、建设生态文明和美丽中国、美丽广东做出更大贡献。

2．广东省重点保护野生植物

广东省重点保护野生植物共有 13 科 17 属 19 种 1 变种（表 2）。根据 IUCN 相关等级和标准（IUCN，2012b、2017），对这些植物在省级水平上的濒危状况进行了评估，结果表明，“极危”等级的植物有 3 种 1 变种，“濒危”等级的有 3 种，“易危”等级的有 9 种，“近危”等级的有 4 种。这些物种在省级水平上的濒危等级评估参考了环境保护部和中国科学院（2013）发布的数据及覃海宁等（2017）对全国物种的评估结果。

从生活型来看，这 20 种植物以乔木类型为主，包括 14 种乔木植物（其中圆籽荷 *Apterosperma oblata* 为灌木至小乔木）、5 种草本植物和 1 种木质藤本植物。

本部分包括中国特有种8种，其中广东特有种有5种，即广东含笑 *Michelia guangdongensis*、兰花蕉 *Orchidantha chinensis*、杜鹃红山茶 *Camellia azalea*、虎颜花 *Tigridiopalma magnifica* 和猪血木 *Euryodendron excelsum*。其中，猪血木野生种群原来记载在广东和广西均有分布，但目前仅在广东省阳江市阳春县八甲镇有数量极少的野生植株（申仕康 等，2008）。

表2 《广东省重点保护野生植物名录（第一批）》名单

序号	科名	中文名	学　名
1	双扇蕨科 Dipteridaceae	中华双扇蕨	*Dipteris chinensis* Christ
2	松科 Pinaceae	长苞铁杉	*Nothotsuga longibracteata*（W. C. Cheng）H. H. Hu ex C. N. Page
3	红豆杉科 Taxaceae	穗花杉	*Amentotaxus argotaenia*（Hance）Pilg.
4	红豆杉科 Taxaceae	宽叶粗榧	*Cephalotaxus latifolia* W. C. Cheng & L. K. Fu ex L. K. Fu & R. R. Mill
5	红豆杉科 Taxaceae	海南粗榧	*Cephalotaxus mannii* Hook. f.
6	木兰科 Magnoliaceae	广东含笑	*Michelia guangdongensis* Y. H. Yan，Q. W. Zeng & F. W. Xing
7	木兰科 Magnoliaceae	观光木	*Michelia odora*（Chun）Nooteboom & B. L. Chen
8	木兰科 Magnoliaceae	乐东拟单性木兰	*Parakmeria lotungensis*（Chun & C. H. Tsoong）Y. W. Law
9	樟科 Lauraceae	沉水樟	*Cinnamomum micranthum*（Hayata）Hayata
10	兰花蕉科 Lowiaceae	兰花蕉	*Orchidantha chinensis* T. L. Wu
11	毛茛科 Ranunculaceae	短萼黄连	*Coptis chinensis* Franch. var. *brevisepala* W. T. Wang & P. G. Xiao
12	桑科 Moraceae	见血封喉	*Antiaris toxicaria* Lesch.
13	报春花科 Primulaceae	走马胎	*Ardisia kteniophylla* Aug. DC.
14	山茶科 Theaceae	圆籽荷	*Apterosperma oblata* Hung T. Chang
15	山茶科 Theaceae	杜鹃红山茶	*Camellia azalea* C. F. Wei
16	山茶科 Theaceae	大苞白山茶	*Camellia granthamiana* Sealy
17	山茶科 Theaceae	猪血木	*Euryodendron excelsum* Hung T. Chang
18	安息香科 Styracaceae	银钟花	*Halesia macgregorii* Chun
19	茜草科 Rubiaceae	巴戟天	*Morinda officinalis* How
20	野牡丹科 Melastomataceae	虎颜花	*Tigridiopalma magnifica* C. Chen

3．广东省野生兰科植物

兰科植物对生境中的水分、温度、基质和光照等条件要求较高，干扰后的生境会严重阻碍其生长和繁殖。另外，兰科植物具有重要的观赏价值或药用价值，容易受到人类的过度采挖。因此，在目前全球生物多样性日益受到人类活动冲击的大背景下，兰科植物更易受到这些因素的影响而致使其群落结构松散、物种数量减少、种群个体下降、部分物种绝灭等。

全世界兰科植物约有800属25 000种。近期统计表明，我国兰科植物有208属1 695种（Zhou

et al.，2016）。对我国 1 502 种兰科植物的濒危等级进行评估的结果表明，其中有 653 种已受到威胁，5 种已经灭绝，兰科是我国被子植物中受威胁物种数最多的科（覃海宁 等，2017）。兰科植物生存面临的主要问题是原生植被的破坏导致生境破碎、退化或丧失，人们对野生资源的过度采集和利用及兰科植物自身遗传多样性较低等。因此，兰科植物已成为世界性的濒危植物和植物保护中的“旗舰”类群。

根据最新发表的一些文献资料（Zhou *et al.*，2016；刘仲健，2016；王瑞江，2017）、野外调查、标本查阅及植物爱好者提供的信息等，目前记录到广东省共有兰科植物 80 属 230 种 4 变种（表 3），其中 12 种为广东省地理分布新记录，中国特有种 54 种，其中广东特有种 16 种。

广东省兰科植物种属分析表明，6 个以上物种的属有 10 个，分别是虾脊兰属 *Calanthe* 18 种、石豆兰属 *Bulbophyllum* 17 种、羊耳蒜属 *Liparis* 15 种、石斛属 *Dendrobium* 14 种、兰属 *Cymbidium* 12 种、玉凤花属 *Habenaria* 12 种、斑叶兰属 *Goodyera* 11 种、阔蕊兰属 *Peristylus* 8 种、舌唇兰属 *Platanthera* 6 种。有 69 个属的种类不多于 5 个种，其中仅包括 1 个分类群的属 41 个，2 个分类群的属 17 个，3 个分类群的属 5 个，4 个分类群的属 5 个，5 个分类群的属 2 个。

根据 IUCN 评估标准（IUCN，2012a、2012b、2017）对这 234 个分类群进行濒危等级评估，结果表明，在省级水平上被评为“极危”等级的有 10 种，“濒危”等级的有 110 种 3 变种，“易危”等级的有 61 种，“近危”等级的有 20 种，“无危”等级的有 3 种，“数据缺乏”的有 26 种 1 变种。数据分析发现，广东省有 78.6% 的兰科植物处于受威胁状态，11.5% 的物种野外居群状况不明。根据中国科学院华南植物园和深圳市中国科学院仙湖植物园的兰科植物保育资料，目前广东省已经迁地保护的兰科植物种类有 120 种，占兰科植物总数的 51.3%，因此对兰科植物的保护需要进一步加强。

野生兰科植物主要受到来自药用和观赏两个方面的威胁，如石斛属、天麻属等传统医学认为这类植物有较高的药用价值，而兰属、兜兰属、石斛属和虾脊兰属等植物具有较高的观赏价值。因此，这些类群中的植物往往面临着极高等级的威胁，需要受到特别关注和进行优先保护，然后再分步进行全覆盖保护。

需要补充说明的是，历史上现在的海南省和广西壮族自治区的钦州市和防城港市等隶属广东省行政管辖，并且从这些地区采集的一些标本也曾记录为广东省，这就给一些不了解行政区划历史、仅依靠标本记录的人员造成困扰。

表 3　广东省野生兰科植物名录

序号	属名	中文名	学　名
1	脆兰属	多花脆兰	*Acampe rigida*（Buch.-Ham. ex Sm.）P. F. Hunt
2	坛花兰属	锥囊坛花兰	*Acanthephippium striatum* Lindl.
3	安兰属	香港安兰	*Ania hongkongensis*（Rolfe）T. Tang & F. T. Wang

（续表）

序号	属名	中文名	学　名
4	安兰属	南方安兰	*Ania ruybarrettoi* S. Y. Hu & Barretto
5	金线兰属	金线兰	*Anoectochilus roxburghii*（Wall.）Lindl.
6	无叶兰属	无叶兰	*Aphyllorchis montana* Rchb. f.
7	无叶兰属	单唇无叶兰	*Aphyllorchis simplex* Tang & F. T. Wang
8	拟兰属	佛冈拟兰	*Apostasia fogangica* Y. Y. Yin，P. S. Zhong & Z. J. Liu
9	拟兰属	拟兰	*Apostasia odorata* Blume
10	拟兰属	多枝拟兰	*Apostasia ramifera* S. C. Chen & K. Y. Lang
11	拟兰属	深圳拟兰	*Apostasia shenzhenica* Z. J. Liu & L. J. Chen
12	牛齿兰属	牛齿兰	*Appendicula cornuta* Blume
13	竹叶兰属	竹叶兰	*Arundina graminifolia*（D. Don）Hochr.
14	白及属	白及	*Bletilla striata*（Thunb.）Rchb. f.
15	苞叶兰属	短距苞叶兰	*Brachycorythis galeandra*（Rchb. f.）Summerh.
16	石豆兰属	赤唇石豆兰	*Bulbophyllum affine* Lindl.
17	石豆兰属	芳香石豆兰	*Bulbophyllum ambrosia*（Hance）Schltr.
18	石豆兰属	二色卷瓣兰	*Bulbophyllum bicolor* Lindl.
19	石豆兰属	直唇卷瓣兰	*Bulbophyllum delitescens* Hance
20	石豆兰属	戟唇石豆兰	*Bulbophyllum depressum* King & Pantl.
21	石豆兰属	圆叶石豆兰	*Bulbophyllum drymoglossum* Maxim. ex Okubo
22	石豆兰属	狭唇卷瓣兰	*Bulbophyllum fordii*（Rolfe）J. J. Sm.
23	石豆兰属	莲花卷瓣兰	*Bulbophyllum hirundinis*（Gagnep.）Seidenf.
24	石豆兰属	瘤唇卷瓣兰	*Bulbophyllum japonicum*（Makino）Makino
25	石豆兰属	广东石豆兰	*Bulbophyllum kwangtungense* Schltr.
26	石豆兰属	齿瓣石豆兰	*Bulbophyllum levinei* Schltr.
27	石豆兰属	密花石豆兰	*Bulbophyllum odoratissimum*（Sm.）Lindl.
28	石豆兰属	毛药卷瓣兰	*Bulbophyllum omerandrum* Hayata
29	石豆兰属	斑唇卷瓣兰	*Bulbophyllum pectenveneris*（Gagnep.）Seidenf.
30	石豆兰属	伞花石豆兰	*Bulbophyllum shweliense* W. W. Sm.
31	石豆兰属	短足石豆兰	*Bulbophyllum stenobulbon* Par. & Rchb. f.
32	石豆兰属	虎斑卷瓣兰	*Bulbophyllum tigridum* Hance
33	虾脊兰属	泽泻虾脊兰	*Calanthe alismaefolia* Lindl.
34	虾脊兰属	狭叶虾脊兰	*Calanthe angustifolia*（Blume）Lindl.
35	虾脊兰属	银带虾脊兰	*Calanthe argenteostriata* C. Z. Tang & S. J. Cheng
36	虾脊兰属	翘距虾脊兰	*Calanthe aristulifera* Rchb. f.
37	虾脊兰属	棒距虾脊兰	*Calanthe clavata* Lindl.
38	虾脊兰属	密花虾脊兰	*Calanthe densiflora* Lindl.
39	虾脊兰属	虾脊兰	*Calanthe discolor* Lindl.
40	虾脊兰属	钩距虾脊兰	*Calanthe graciliflora* Hayata

（续表）

序号	属名	中文名	学 名
41	虾脊兰属	乐昌虾脊兰	*Calanthe lechangensis* Z. H. Tsi & T. Tang
42	虾脊兰属	南方虾脊兰	*Calanthe lyroglossa* Rchb. f.
43	虾脊兰属	细花虾脊兰	*Calanthe mannii* Hook. f.
44	虾脊兰属	长距虾脊兰	*Calanthe masuca*（D. Don）Lindl.
45	虾脊兰属	南昆虾脊兰	*Calanthe nankunensis* Z. H. Tsi
46	虾脊兰属	车前虾脊兰	*Calanthe plantaginea* Lindl.
47	虾脊兰属	镰萼虾脊兰	*Calanthe puberula* Lindl.
48	虾脊兰属	反瓣虾脊兰	*Calanthe reflexa* Maxim.
49	虾脊兰属	二列叶虾脊兰	*Calanthe speciosa*（Blume）Lindl.
50	虾脊兰属	三褶虾脊兰	*Calanthe triplicata*（Willemet）Ames
51	头蕊兰属	银兰	*Cephalanthera erecta*（Thunb.）Blume
52	头蕊兰属	南岭头蕊兰	*Cephalanthera erecta* var. *oblanceolata* N. Pearce & P. J. Cribb
53	头蕊兰属	金兰	*Cephalanthera falcata*（Thunb.）Blume
54	黄兰属	铃花黄兰	*Cephalantheropsis halconensis*（Ames）S. S. Ying
55	黄兰属	黄兰	*Cephalantheropsis obcordata*（Lindl.）Ormerod
56	叉柱兰属	叉柱兰	*Cheirostylis clibborndyeri* S. Y. Hu & Barretto
57	叉柱兰属	琉球叉柱兰	*Cheirostylis liukiuensis* Masam.
58	叉柱兰属	云南叉柱兰	*Cheirostylis yunnanensis* Rolfe
59	异型兰属	广东异型兰	*Chiloschista guangdongensis* Z. H. Tsi
60	隔距兰属	大序隔距兰	*Cleisostoma paniculatum*（Ker Gawl.）Garay
61	隔距兰属	短茎隔距兰	*Cleisostoma parishii*（Hook. f.）Garay
62	隔距兰属	尖喙隔距兰	*Cleisostoma rostratum*（Lodd. ex Lindl.）Garay
63	隔距兰属	广东隔距兰	*Cleisostoma simondii*（Gagnep.）Seidenf. var. *guangdongense* Z. H. Tsi
64	隔距兰属	红花隔距兰	*Cleisostoma williamsonii*（Rchb. f.）Garay
65	贝母兰属	流苏贝母兰	*Coelogyne fimbriata* Lindl.
66	吻兰属	吻兰	*Collabium chinense*（Rolfe）Tang & F. T. Wang
67	吻兰属	南方吻兰	*Collabium delavayi*（Gagnep.）Seidenf.
68	蛤兰属	蛤兰	*Conchidium pusillum* Griff.
69	杜鹃兰属	翅柱杜鹃兰	*Cremastra appendiculata*（D. Don）Makino var. *variabilis*（Blume）I. D. Lund
70	沼兰属	二脊沼兰	*Crepidium finetii*（Gagnep.）S. C. Chen & J. J. Wood
71	沼兰属	深裂沼兰	*Crepidium purpureum*（Lindl.）Szlach.
72	宿苞兰属	玫瑰宿苞兰	*Cryptochilus roseus*（Lindl.）S. C. Chen & J. J. Wood
73	隐柱兰属	隐柱兰	*Cryptostylis arachnites*（Blume）Blume
74	兰属	纹瓣兰	*Cymbidium aloifolium*（L.）Sw.
75	兰属	冬凤兰	*Cymbidium dayanum* Rchb. f.
76	兰属	独占春	*Cymbidium eburneum* Lindl.
77	兰属	建兰	*Cymbidium ensifolium*（L.）Sw.

（续表）

序号	属名	中文名	学　名
78	兰属	蕙兰	*Cymbidium faberi* Rolfe
79	兰属	飞霞兰	*Cymbidium feixiaense* F. C. Li
80	兰属	多花兰	*Cymbidium floribundum* Lindl.
81	兰属	春兰	*Cymbidium goeringii*（Rchb. f.）Rchb. f.
82	兰属	寒兰	*Cymbidium kanran* Makino
83	兰属	兔耳兰	*Cymbidium lancifolium* Hook.
84	兰属	硬叶兰	*Cymbidium mannii* Rchb. f.
85	兰属	墨兰	*Cymbidium sinense*（Jackson ex Andrews）Willd.
86	丹霞兰属	丹霞兰	*Danxiaorchis singchiana* J. W. Zhai，F. W. Xing & Z. J. Liu
87	石斛属	钩状石斛	*Dendrobium aduncum* Wall. ex Lindl.
88	石斛属	密花石斛	*Dendrobium densiflorum* Wall.
89	石斛属	疏花石斛	*Dendrobium henryi* Schltr.
90	石斛属	重唇石斛	*Dendrobium hercoglossum* Rchb. f.
91	石斛属	广东石斛	*Dendrobium kwangtungense* C. L. Tso
92	石斛属	聚石斛	*Dendrobium lindleyi* Steud.
93	石斛属	美花石斛	*Dendrobium loddigesii* Rolfe
94	石斛属	罗河石斛	*Dendrobium lohohense* Tang & F. T. Wang
95	石斛属	细茎石斛	*Dendrobium moniliforme*（L.）Sw.
96	石斛属	石斛	*Dendrobium nobile* Lindl.
97	石斛属	单葶草石斛	*Dendrobium porphyrochilum* Lindl.
98	石斛属	始兴石斛	*Dendrobium shixingense* Z. L. Chen，S. J. Zeng & J. Duan
99	石斛属	剑叶石斛	*Dendrobium spatella* Rchb. f.
100	石斛属	大花石斛	*Dendrobium wilsonii* Rofle
101	绒兰属	白绵绒兰	*Dendrolirium lasiopetalum*（Willd.）S. C. Chen & J. J. Wood
102	双唇兰属	双唇兰	*Didymoplexis pallens* Griff.
103	无耳沼兰属	无耳沼兰	*Dienia ophrydis*（J. Koenig）Seidenf.
104	蛇舌兰属	蛇舌兰	*Diploprora championii*（Lindl. ex Benth.）Hook. f.
105	厚唇兰属	单叶厚唇兰	*Epigeneium fargesii*（Finet）Gagnep.
106	虎舌兰属	虎舌兰	*Epipogium roseum*（D. Don）Lindl.
107	毛兰属	半柱毛兰	*Eria corneri* Rchb. f.
108	毛兰属	足茎毛兰	*Eria coronaria*（Lindl.）Rchb. f.
109	钳唇兰属	钳唇兰	*Erythrodes blumei*（Lindl.）Schltr.
110	美冠兰属	长苞美冠兰	*Eulophia bracteosa* Lindl.
111	美冠兰属	黄花美冠兰	*Eulophia flava*（Lindl.）Hook. f.
112	美冠兰属	美冠兰	*Eulophia graminea* Lindl.
113	美冠兰属	紫花美冠兰	*Eulophia spectabilis*（Dennst.）Suresh
114	美冠兰属	无叶美冠兰	*Eulophia zollingeri*（Rchb. f.）J. J. Sm.

（续表）

序号	属名	中文名	学　名
115	金石斛属	流苏金石斛	*Flickingeria fimbriata*（Blume）A. D. Hawkes
116	山珊瑚属	毛萼山珊瑚	*Galeola lindleyana*（Hook. f. & J. W. Thomson）Rchb. f.
117	盆距兰属	广东盆距兰	*Gastrochilus guangtungensis* Z. H. Tsi
118	盆距兰属	黄松盆距兰	*Gastrochilus japonicus*（Makino）Schltr.
119	天麻属	白赤箭	*Gastrodia albida* T. C. Hsu & C. M. Kuo
120	天麻属	北插天天麻	*Gastrodia peichatieniana* S. S. Ying
121	地宝兰属	大花地宝兰	*Geodorum attenuatum* Griff.
122	地宝兰属	地宝兰	*Geodorum densiflorum*（Lam.）Schltr.
123	地宝兰属	多花地宝兰	*Geodorum recurvum*（Roxb.）Alston
124	斑叶兰属	大花斑叶兰	*Goodyera biflora*（Lindl.）Hook. f.
125	斑叶兰属	多叶斑叶兰	*Goodyera foliosa*（Lindl.）Benth. ex C. B. Clarke
126	斑叶兰属	光萼斑叶兰	*Goodyera henryi* Rolfe
127	斑叶兰属	花格斑叶兰	*Goodyera kwangtungensis* C. L. Tso
128	斑叶兰属	垂叶斑叶兰	*Goodyera pendula* Maxim.
129	斑叶兰属	高斑叶兰	*Goodyera procera*（Ker Gawl.）Hook.
130	斑叶兰属	小小斑叶兰	*Goodyera pusilla* Blume
131	斑叶兰属	斑叶兰	*Goodyera schlechtendaliana* Rchb. f.
132	斑叶兰属	歌绿斑叶兰	*Goodyera seikoomontana* Yamamoto
133	斑叶兰属	绒叶斑叶兰	*Goodyera velutina* Maxim. ex Regel
134	斑叶兰属	绿花斑叶兰	*Goodyera viridiflora*（Blume）Lindl. ex D. Dietr.
135	玉凤花属	毛葶玉凤花	*Habenaria ciliolaris* Kraenzl.
136	玉凤花属	鹅毛玉凤花	*Habenaria dentata*（Sw.）Schltr.
137	玉凤花属	线瓣玉凤花	*Habenaria fordii* Rolfe
138	玉凤花属	粤琼玉凤花	*Habenaria hystrix* Ames
139	玉凤花属	细裂玉凤花	*Habenaria leptoloba* Benth.
140	玉凤花属	坡参	*Habenaria linguella* Lindl.
141	玉凤花属	南方玉凤花	*Habenaria malintana*（Blanco）Merr.
142	玉凤花属	丝瓣玉凤花	*Habenaria pantlingiana* Kraenzl.
143	玉凤花属	裂瓣玉凤花	*Habenaria petelotii* Gagnep.
144	玉凤花属	肾叶玉凤花	*Habenaria reniformis*（D. Don）Hook. f.
145	玉凤花属	橙黄玉凤花	*Habenaria rhodocheila* Hance
146	玉凤花属	十字兰	*Habenaria schindleri* Schltr.
147	角盘兰属	叉唇角盘兰	*Herminium lanceum*（Thunb. ex Sw.）Vuijk
148	盂兰属	全唇盂兰	*Lecanorchis nigricans* Honda
149	羊耳蒜属	镰翅羊耳蒜	*Liparis bootanensis* Griff.
150	羊耳蒜属	褐花羊耳蒜	*Liparis brunnea* Ormerod
151	羊耳蒜属	丛生羊耳蒜	*Liparis cespitosa*（Thouars）Lindl.

（续表）

序号	属名	中文名	学　名
152	羊耳蒜属	大花羊耳蒜	*Liparis distans* C. B. Clarke
153	羊耳蒜属	紫花羊耳蒜	*Liparis gigantea* C. L. Tso
154	羊耳蒜属	广东羊耳蒜	*Liparis kwangtungensis* Schltr.
155	羊耳蒜属	黄花羊耳蒜	*Liparis luteola* Lindl.
156	羊耳蒜属	南岭羊耳蒜	*Liparis nanlingensis* H. Z. Tian & F. W. Xing
157	羊耳蒜属	见血青	*Liparis nervosa*（Thunb.）Lindl.
158	羊耳蒜属	香花羊耳蒜	*Liparis odorata*（Willd.）Lindl.
159	羊耳蒜属	长唇羊耳蒜	*Liparis pauliana* Hand.-Mazz.
160	羊耳蒜属	插天山羊耳蒜	*Liparis sootenzanensis* Fukuy.
161	羊耳蒜属	扇唇羊耳蒜	*Liparis stricklandiana* Rchb. f.
162	羊耳蒜属	吉氏羊耳蒜	*Liparis tsii* H. Z. Tian & A. Q. Hu
163	羊耳蒜属	长茎羊耳蒜	*Liparis viridiflora*（Blume）Lindl.
164	血叶兰属	血叶兰	*Ludisia discolor*（Ker Gawl.）Blume
165	葱叶兰属	葱叶兰	*Microtis unifolia*（G. Forst.）Rchb. f.
166	全唇兰属	阿里山全唇兰	*Myrmechis drymoglossifolia* Hayata
167	全唇兰属	宽瓣全唇兰	*Myrmechis urceolata* Tang & K. Y. Lang
168	云叶兰属	云叶兰	*Nephelaphyllum tenuiflorum* Blume
169	芋兰属	毛唇芋兰	*Nervilia fordii*（Hance）Schltr.
170	芋兰属	毛叶芋兰	*Nervilia plicata*（Andrews.）Schltr.
171	三蕊兰属	麻栗坡三蕊兰	*Neuwiedia malipoensis* Z. J. Liu，L. J. Chen & K. W. Liu
172	三蕊兰属	三蕊兰	*Neuwiedia singapureana*（Wall. ex Baker）Rolfe
173	鸢尾兰属	狭叶鸢尾兰	*Oberonia caulescens* Lindl.
174	鸢尾兰属	小叶鸢尾兰	*Oberonia japonica*（Maxim.）Makino
175	小沼兰属	小沼兰	*Oberonioides microtatantha*（Schltr.）Szlach.
176	齿唇兰属	广东齿唇兰	*Odontochilus guangdongensis* S. C. Chen，S. W. Gade & P. J. Cribb
177	齿唇兰属	齿唇兰	*Odontochilus lanceolatus*（Lindl.）Blume
178	齿唇兰属	南岭齿唇兰	*Odontochilus nanlingensis*（L. P. Siu & K. Y. Lang）Ormerod
179	羽唇兰属	羽唇兰	*Ornithochilus difformis*（Wall. ex Lindl.）Schltr.
180	粉口兰属	粉口兰	*Pachystoma pubescens* Blume
181	兜兰属	广东兜兰	*Paphiopedilum guangdongense* Z. J. Liu & L. J. Chen
182	兜兰属	紫纹兜兰	*Paphiopedilum purpuratum*（Lindl.）Stein
183	白蝶兰属	龙头兰	*Pecteilis susannae*（L.）Raf.
184	阔蕊兰属	小花阔蕊兰	*Peristylus affinis*（D. Don）Seidenf.
185	阔蕊兰属	长须阔蕊兰	*Peristylus calcaratus*（Rolfe）S. Y. Hu
186	阔蕊兰属	狭穗阔蕊兰	*Peristylus densus*（Lindl.）Santapau & Kapadia
187	阔蕊兰属	台湾阔蕊兰	*Peristylus formosanus*（Schltr.）T. P. Lin
188	阔蕊兰属	阔蕊兰	*Peristylus goodyeroides*（D. Don）Lindl.

（续表）

序号	属名	中文名	学　名
189	阔蕊兰属	撕唇阔蕊兰	*Peristylus lacertifer*（Lindl.）J. J. Sm.
190	阔蕊兰属	短裂阔蕊兰	*Peristylus lacertifer*（Lindl.）J. J. Sm. var. *taipoensis*（S. Y. Hu & Barretto）S. C. Chen，S. W. Gale & P. J. Cribb
191	阔蕊兰属	触须阔蕊兰	*Peristylus tentaculatus*（Lindl.）J. J. Sm.
192	鹤顶兰属	仙笔鹤顶兰	*Phaius columnaris* C. Z. Tang & S. J. Cheng
193	鹤顶兰属	黄花鹤顶兰	*Phaius flavus*（Blume）Lindl.
194	鹤顶兰属	紫花鹤顶兰	*Phaius mishmensis*（Lindl. & Paxt.）Rchb. f.
195	鹤顶兰属	鹤顶兰	*Phaius tancarvilleae*（L' Hér.）Blume
196	蝴蝶兰属	东亚蝴蝶兰	*Phalaenopsis subparishii*（Z. H. Tsi）Kocyan & Schuit.
197	石仙桃属	细叶石仙桃	*Pholidota cantonensis* Rolfe
198	石仙桃属	石仙桃	*Pholidota chinensis* Lindl.
199	苹兰属	马齿苹兰	*Pinalia szetschuanica*（Schltr.）S. C. Chen & J. J. Wood
200	舌唇兰属	大明山舌唇兰	*Platanthera damingshanica* K. Y. Lang & H. S. Guo
201	舌唇兰属	广东舌唇兰	*Platanthera guangdongensis* Y. F. Li，L. F. Wu & L. J. Chen
202	舌唇兰属	尾瓣舌唇兰	*Platanthera mandarinorum* Rchb. f.
203	舌唇兰属	小舌唇兰	*Platanthera minor*（Miq.）Rchb. f.
204	舌唇兰属	南岭舌唇兰	*Platanthera nanlingensis* X. H. Jin & W. T. Jin
205	舌唇兰属	紫金舌唇兰	*Platanthera zijinensis* Q. L. Ye，Z. M. Zhong & M. H. Li
206	独蒜兰属	独蒜兰	*Pleione bulbocodioides*（Franch.）Rolfe
207	独蒜兰属	陈氏独蒜兰	*Pleione chunii* C. L. Tso
208	独蒜兰属	毛唇独蒜兰	*Pleione hookeriana*（Lindl.）Rollisson
209	独蒜兰属	小叶独蒜兰	*Pleione microphylla* S. C. Chen & Z. H. Tsi
210	柄唇兰属	柄唇兰	*Podochilus khasianus* Hook. f.
211	朱兰属	朱兰	*Pogonia japonica* Rchb. f.
212	菱兰属	小片菱兰	*Rhomboda abbreviata*（Lindl.）Ormerod
213	菱兰属	贵州菱兰	*Rhomboda fanjingensis* Ormerod
214	菱兰属	白肋菱兰	*Rhomboda tokioi*（Fukuy.）Ormerod
215	寄树兰属	寄树兰	*Robiquetia succisa*（Lindl.）Seidenf. & Garay
216	苞舌兰属	苞舌兰	*Spathoglottis pubescens* Lindl.
217	绶草属	香港绶草	*Spiranthes hongkongensis* S.Y.Hu & Barretto
218	绶草属	绶草	*Spiranthes sinensis*（Pers.）Ames
219	带叶兰属	带叶兰	*Taeniophyllum glandulosum* Blume
220	带唇兰属	心叶带唇兰	*Tainia cordifolia* Hook. f.
221	带唇兰属	带唇兰	*Tainia dunnii* Rolfe
222	带唇兰属	大花带唇兰	*Tainia macrantha* Hook. f.
223	带唇兰属	绿花带唇兰	*Tainia penangiana* Hook. f.
224	白点兰属	白点兰	*Thrixspermum centipeda* Lour.
225	白点兰属	小叶白点兰	*Thrixspermum japonicum*（Miq.）Rchb. f.

（续表）

序号	属名	中文名	学　名
226	竹茎兰属	阔叶竹茎兰	*Tropidia angulosa*（Lindl.）Blume
227	竹茎兰属	短穗竹茎兰	*Tropidia curculigoides* Lindl.
228	万代兰属	广东万代兰	*Vanda fuscoviridis* Lindl.
229	香荚兰属	深圳香荚兰	*Vanilla shenzhenica* Z. J. Liu & S. C. Chen
230	二尾兰属	二尾兰	*Vrydagzynea nuda* Blume
231	线柱兰属	宽叶线柱兰	*Zeuxine affinis*（Lindl.）Benth. ex Hook. f.
232	线柱兰属	黄花线柱兰	*Zeuxine flava*（Wall. ex Lindl.）Trimen
233	线柱兰属	白花线柱兰	*Zeuxine parviflora*（Ridl.）Seidenf.
234	线柱兰属	线柱兰	*Zeuxine strateumatica*（L.）Schltr.

4. 野生植物的保护对策和工作建议

4.1 开展具有重要应用和科研价值的特有类群和极小种群的专项保护

对于具有重要应用价值的植物资源的保护应该与科研和资源利用结合起来。有些植物类群具有很高的观赏价值，如苦苣苔科和秋海棠科植物，应加大科研投入，进行大量的扩繁，以满足市场和社会的需要，从而减少对野生资源的破坏。中国科学院华南植物园和广西壮族自治区中国科学院广西植物研究所在苦苣苔科植物的繁殖和利用方面已经取得重大进展。

对于列入《广东省重点保护野生植物名录（第一批）》的物种，目前大多生长在自然保护区、森林公园等保护地，基本上得到较好的保护。但是，对于极小种群物种、具有重要科研和应用潜力物种的保护也应尽早进行。近年来，广东省林业局非常关注极小种群的保护工作，陆续资助了对极小种群植物水松 *Glyptostrobus pensillis*、观光木 *Michelia odora*、丹霞梧桐 *Firmiana danxiaensis* 等一批物种的保护工作，并取得了显著的成绩，这对于保护其他重要植物资源起到了很好的示范作用。因此，对广东省野生植物的全覆盖调查、重要植物资源变化的动态把握和定期评估，以及对珍稀濒危植物的繁育和迁地保护应该得到进一步加强。

4.2 加强对兰科植物的全覆盖保护，保护野生兰科植物资源

目前，兰科植物所有种类均被列入《野生动植物濒危物种国际贸易公约》（CITES，以下简称《公约》）的保护范围，我国是该《公约》的缔约国之一。由于 1999 年公布的《国家重点保护野生植物名录（第一批）》并未将兰科植物列入其中，因此，野生兰科植物的保护缺乏法律依据，在国内执法上存在困难，因此，偷挖滥采的行为导致野生兰科植物野生资源被破坏得十分严重。这也说明仅靠加强对《公约》的履约能力已经难以控制和改变现状。基于此，建议广东省相关部门在全面对本地兰科植物进行总体状况调查与分析的基础上，确定兰科植物在广东的重要保护地和重点保护

种类，如将自然保护区、森林公园、地质公园等列为重点保护区，将民间利用较多的金线兰属、兜兰属、兰属和石斛属等种类列为重点保护对象。然后通过立法的形式，如修订保护地保护条例或将重要保护对象增补至保护名录并受到相关法规的保护，将区域兰科植物进行具有实效的保护。当然，加强对广大人民群众的科普教育和法制宣传，提高其保护意识、法律意识、科学知识等也非常重要。

4.3 加强对重要水生植物资源的调查，结合湿地公园建设，开展水生植物保育

水生植物是一种依托于水环境生长的植物类群，对于水分的需求非常高，可以长时间在水中、近水或潮湿区域生长的植物。水生植物较之其他陆生植物而言，对于水环境的依赖性较强，并形成了独特的适生水生境的习性。大多数水生植物对水质的要求非常高，一旦水体受到污染，它们就无法生存。因此，可以说水生植物具有良好的水质和环境指示作用。近年来，由于广东省水体环境的改变，大部分以前常见的水生植物已经消失不见，特别一些重要栽培作物的野生近缘种也受到环境的影响而面临灭绝的危险，如野生稻、芡实、莼菜、野菱等。为了抢救这些重要植物资源，虽然建立了一些种质保存圃或迁地保护基地，但是将近缘的种类进行集中保存会带来遗传上的近交衰退、遗传多样性下降等潜在危险。因此，开展广东省水生野生植物的普查，结合湿地公园的建设，对重要植物资源进行抢救性的就地或近地保育，要尽快引起重视。

4.4 重视对生物多样性热点地区的野外科考，以弄清重要植物资源现状

广东省复杂多样的地质地貌、高温多雨气候条件和跨度较大的南北差异等因素决定了广东省植被的复杂性和物种的多样性。近年来，虽然《广东植物志》《广东维管植物多样性名录》等专著已经出版，但这并不代表我们对广东地区植物种类已经完全认知。由于以前交通运输的不便、调查人员的缺乏、专项经费的不足等因素，对调查研究比较薄弱、植物区系特别、生物多样性又十分丰富的热点地区（如粤西的茂名市信宜地区的大雾岭、云开山，江门市恩平地区的锦江水库和古兜山，以及珠江口岛屿等）的生物多样性状况仍然了解甚少，对其重要植物资源现状也知之不多。如近期对江门古兜山的调查就发现了一些新物种、国家重点保护野生植物的新分布点等。所以，在将来仍需要进一步加强这些地区的野外调查工作，以弄清野生植物资源的种类、数量和生存现状，为制定植物保护策略提供重要的基础数据。

4.5 通过信息化技术，开展对重要植物种类的精准保护

重要的植物资源往往具有较大的经济、药用、观赏或科研价值，其往往也是被利用的主要对象。应当加强对已知植物资源的长期监测和管理工作，以使其能够得到精准保护和永续利用。目前，自然保护区和森林公园等的管理人员基本上能对本区域的植物多样性进行有效保护，但是，对于保护区以外的区域，如广东地区常见的风水林（村边林等），往往束手无策。近年来，珠江三角洲

广州市黄埔区洋城岗村风水林（2005 年调查时，记录了许多国家Ⅱ级重点保护野生植物——格木；2018 年 3 月调查时，已被围栏并全部死亡）

广州市黄埔区小坑村风水林（在 2010 年调查时尚以黄桐林为主，中间也有国家Ⅱ级重点保护野生植物——花榈木；2018 年 3 月调查时发现已被完全清除）

图 1　广东省部分地区的风水林现状

地区的风水林被破坏的现象十分严重，并且这些风水林一般有许多国家重点保护野生植物，如国家Ⅱ级重点保护野生植物樟树、格木、花榈木、土沉香等，以及《广东省重点保护野生植物名录（第一批）》中的见血封喉等。但是，由于经济利益的驱使、部门管理权限的交叉、土地权属的复杂和保护意识的淡薄，这些风水林逐渐被蚕食，甚至有些风水林被整体推平，令人十分痛心（图 1）。这种行为不仅严重违反了《国家重点保护野生植物名录（第一批）》的相关法规，并且与党的十九大提出的“加强生态文明建设、推动人与自然和谐发展、建设美丽中国”的精神背道而驰。

因此，建议加强对自然保护区，尤其是目前处于管理盲区的保护小区 —— 风水林中的重要植物种类的长期监测和信息化保护与管理，在物种和群落水平上实现对广东省国家重点保护野生植物资源的保护，使《国家重点保护野生植物名录（第一批）》中的物种能得到切切实实的保护，以达到保护国家重要野生植物资源的目的。

4.6　定期调整《广东省重点保护野生植物名录（第一批）》中的植物种类，以满足动态保护和管理的需要

随着广东省林业、农业、海洋等政府部门对生态文明建设工作的日益重视和广大群众对生物多样性保护意识的不断提高，《广东省重点保护野生植物名录（第一批）》中的一些种类种群和个体数量会因生境的改善或人为保育得到明显提高，从而不再变得“濒危”。另外，由于经济发展的需要，一些物种的个体和种群可能因其生境受到干扰或者被发现有重大的利用价值而减少，从而从“近危”或“无危”的等级变成“濒危”。因此，政府部门要根据实际变化情况，定期对《广东省重点保护野生植物名录（第一批）》中的种类进行动态调整，而不是数十年一成不变，这样才能使那

些濒危状况发生变化的种类及时有效地得到重视和保护，也才能使有限的保护资金得到更有效的利用，进而使广东省的生态保护工作能确确实实落到实处。如1999年国家林业局和农业部发布的《国家重点保护野生植物名录（第一批）》中包括金毛狗蕨（国家林业局、农业部，1999），但随着经济的发展，其已经不再被用于加工成食用淀粉，如今已成为林下较为常见的蕨类植物之一。

4.7　定期发布《广东植物现状年度报告》白皮书

目前国际上著名的植物学研究机构英国皇家植物园邱园（Royal Botanic Gardens，Kew）于2016年首次发布了“世界植物状况（State of the World's Plants）”的报告，并在以后每年进行更新。这份年度报告从世界植物的描述、植物面临的全球威胁，以及政策和国际贸易三个方面，简要分析了世界植物的现状。这份报告对于了解世界植物的种类、重要植物资源、国家重点关注、全球植物覆盖率、入侵物种、植物病虫害、植物灭绝风险、濒危植物保护与非法贸易、植物资源利益共享机制等做了框架性的介绍，并成为跟踪全球植物动态变化的重要国际平台。

广东省作为经济强省，完全有能力对全省的植物资源和总体状况进行类似的介绍，每5年发布一次《广东植物现状报告》，这对于政府管理人员和社会公众了解广东省的植物信息具有重要的意义。更重要的是，通过这份报告可以使公众明白政府管理部门在植物资源保护方面所做的工作、保护野生植物资源能为大家带来的收益、科学研究对于提升社会和经济效益的作用等，从而进一步促进政府、科研和公众三方面力量的结合，全面开展省内的植物保护工作。

4.8　加强法制建设，尽快出台《广东省野生植物保护办法》

依法行政是林业管理部门加强生物资源保护的利器。虽然国务院于1997年发布了《中华人民共和国野生植物保护条例》，国家林业局和农业部于1999年也发布了《国家重点保护野生植物名录（第一批）》，这些法律法规对于保护我国的野生植物资源起了很大的作用。但是随着时代的变革、经济的发展和人民生活需求的变化，各地出现了一些新的问题，国家层面的法律法规所保护的植物种类越来越无法满足和适应当前生态文明建设的需要。

基于此，一些省份（自治区）陆续出台了适合本地植物保护和管理的地方法规。如广西壮族自治区就根据《中华人民共和国野生植物保护条例》等上位法，结合本地实际，于2009年制定并颁布了《广西壮族自治区野生植物保护办法》。此办法明确了重点保护野生植物名录的制定、保护范围的划定、保护区和保护点的建立，以及对野生植物资源的监测、调查等职能履行主体，明确了政府部门的职责。浙江省于2010年也发布了《浙江省野生植物保护办法》，进一步明确了管理主体、保护对象、保护办法、管理措施和法律责任等。新疆维吾尔自治区于2006年通过《新疆维吾尔自治区野生植物保护条例》，并先后于2012年、2018年进行了2次修正，确定了野生植物禁采期、禁采区、封育期，规定了野生植物的调查、监测、人工培育、采集、出售、收购等管理措施和法律责任等。

此外，江西、河南、湖南、陕西等省也制定了地方野生植物保护条例。

广东省作为经济发达、物种丰富的地区，一方面，民间素有将野生植物资源药用或食用的习俗，大量无序采挖常常导致重要植物资源数量锐减；另一方面，发展地方经济与保护野生植物重要原生地或生境的矛盾也比较突出，亟须确立保护小区的法律地位。因此，建议广东省尽快制定《广东省野生植物保护办法》，使管理和职能部门能够根据本省的实际情况在保护实践中做到“执法有据、依法行政”，从法律法规层面上为野生植物资源保护和可持续利用保驾护航。

第二章
广东重点保护野生植物图鉴

Chapter Ⅱ

Photography of the Key Protected Wild Plants of Guangdong

一、广东省分布的国家重点保护野生植物

1．中华水韭 *Isoëtes sinensis* Palmer　　水韭科 Isoëtaceae

濒危等级　IUCN：CR；国家：Ⅰ级；广东：RE

形态特征：多年生沼生植物，高 15~30cm。根茎肉质，略呈 2~3 瓣，具多数二叉分歧的根。叶线形，内具 4 个纵行气道围绕中肋，先端渐尖，基部覆瓦状簇生，凹入处生孢子囊。孢子囊椭圆形，具白色膜质盖；大、小孢子囊常分别生于外围、内部叶片基的向轴面。孢子囊于 5—10 月成熟。

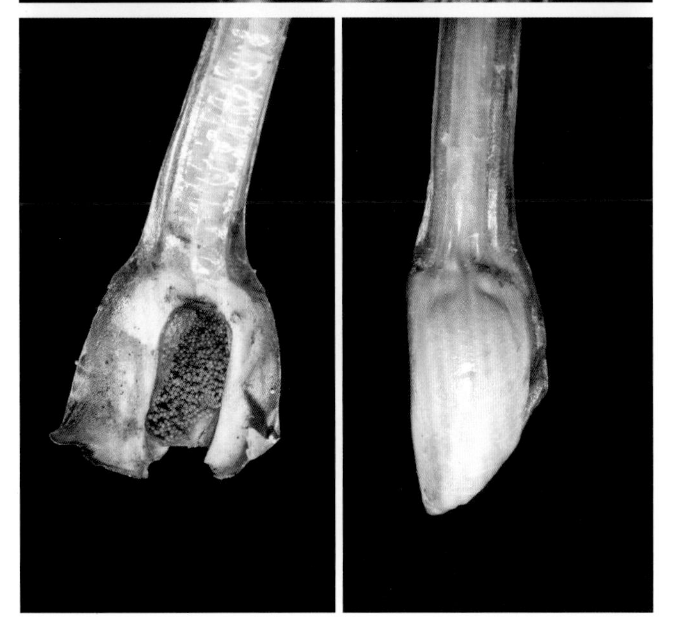

产地：仁化（丹霞山）。

分布：安徽、广西、湖南、江苏（南京明孝陵灵谷寺附近池塘，模式标本 *A. N. Steward 2153* [US00055194，US01100839，UC230158] 采集地）、浙江。日本、韩国。

生境：主要生在河漫滩、浅水池沼、山沟淤泥、沼泽、淡水潮间带。

保育现状：中华水韭最早由 W. R. Maxon 于 1922 年在江苏省南京市发现，为古老孑遗植物，具有异型孢子，无复杂叶脉组织，根茎具有形成层，对研究蕨类植物的系统演化和东亚植物区系具有重要价值。由于除草剂的使用、农田耕作、水体污染、竞争力差等因素，中华水韭的自然分布范围正在缩小，居群数量也不断减少。调查发现，本种模式产地南京居群已经灭绝（阚显照 等，2009），其他地区的一些居群也有可能绝迹（庞新安 等，2003）。在保护措施上，除加强对居群野外生存地的保护外，还要对遗传信息丰富的个体进行特别保护，以防止遗传多样性的过度丧失（黄钰倩 等，2017）。广东省韶关市仁化县原记载有此种的分布（彭少麟 等，2011），但现可能已经野外灭绝。目前，杭州植物园、武汉植物园进行了迁地保育，并且人工批量繁育在哈尔滨师范大学也获得成功。

2. 七指蕨 *Helminthostachys zeylanica*（L.）Hook. 瓶尔小草科 Ophioglossaceae

濒危等级 国家：Ⅱ级；广东：RE

形态特征：根状茎肉质，横走，靠近顶部生出一或二枚叶。叶片由三裂的营养叶片和一枚直立的孢子囊穗组成，自柄端彼此分离，基部往往狭而下延，全叶片宽掌状，向基部渐狭，向顶端为渐尖头；叶薄草质，无毛。孢子囊穗单生，通常高出不育叶，柄长6~8cm，穗长达13cm，直立，孢子囊环生于囊托，形成细长圆柱形。

产地：肇庆、吴川。

分布：海南、台湾、云南。孟加拉国、不丹、柬埔寨、印度、印度尼西亚、日本、老挝、马来西亚、缅甸、尼泊尔、新几内亚、菲律宾、斯里兰卡（模式标本采集地）、泰国、越南、澳大利亚，以及太平洋诸岛。

生境：湿润疏林下，荫蔽潮湿处。

保育现状：七指蕨分布区狭窄，居群数量极少。由于其孢子萌发率低，自我更新能力弱，对光环境的适应幅较窄，再加上森林不断被砍伐，导致森林和土壤的水分涵养能力降低，破坏了原有森林荫蔽的光环境，使七指蕨直接暴露于强光下，影响其生长发育和繁殖。另外，七指蕨与其他蕨类或阴生植物相比，生长竞争处于劣势，从而导致种群数量不多（宋莉英等，2015）。一般可采用孢子繁殖或组织培养技术繁殖扩大居群数量。由于七指蕨具有药用价值和观赏价值，广东野生居群可能已经灭绝。

3. 金毛狗蕨 *Cibotium barometz*（L.）J. Sm.

金毛狗蕨科 Cibotiaceae

濒危等级 国家：Ⅱ级；广东：LC

形态特征：根状茎卧生，粗大，顶端生出一丛大叶。叶片广卵状三角形，三回羽状分裂；下部羽片为长圆形，有柄，互生；一回小羽片互生，有小柄，线状披针形；末回裂片线形并略呈镰状，侧脉两面隆起，单一，但在不育羽片上分为二叉；叶几为革质或厚纸质。孢子囊群在每一末回能育裂片1~5对；孢子为三角状的四面形，透明。

产地：广东各地山区，常见。

分布：澳门、重庆、福建、广西、贵州、海南、湖南、江西、四川、香港、台湾、西藏、云南、浙江。日本，南亚至东南亚。模式标本采自中国。

生境：山坡疏林阴处酸性土壤上，尤其是次生林中。

保育现状：金毛狗蕨具有很高的药用价值、食用价值和观赏价值。金毛狗蕨需要在适宜的湿度、光照和荫蔽度才能萌发和生长，对土壤及周围环境条件的适应能力较差。由于其根茎含有淀粉，在食物匮乏的年代人们常挖取用以果腹，因此导致了其种群迅速减少。另外，人类的生产活动对其野生生境会造成一定的影响，也威胁了金毛狗蕨的生存和繁衍。但是，随着近几十年来生态保护的加强和人们生活水平的提高，金毛狗蕨的种群得到迅速恢复，并且已经在广东地区成为较为常见的植物。前期调查数据显示，全国约有金毛狗蕨28.97亿株，广东有1 000万株以上（国家林业局，2009）。一般可采用孢子繁殖，也可采用分株繁殖（吴文和 等，2016）。

4. 中华桫椤 *Alsophila costularis* Baker　　桫椤科 Cyatheaceae

濒危等级 国家：Ⅱ级；广东：VU

形态特征：茎干高达数米。叶柄具短刺和疣突，两外侧各有一条气囊线；叶柄基部具长鳞片；叶片长圆形；叶轴下部红棕色，三回羽状深裂，羽片约 15 对，披针形，密被红棕色刚毛；小羽片多达 30 对，无柄。孢子囊群着生于侧脉分叉处，靠近主脉，囊群盖膜质，仅于主脉一侧附着在囊托基部。

产地：信宜。

分布：广西、西藏、云南（思茅，模式标本采集地，*A. Henry 13136*，K000061672，K000061673，K000061674，MO255955，NY00127889）。孟加拉国、不丹、印度、缅甸、越南。

生境：沟谷林中，喜阴湿。

保育现状：中华桫椤形体优美，具有较高的观赏价值，常被人们移栽，再加上生境的破坏，造成了中华桫椤种群数量日益减少。从配子体生态生理及保护生物学角度来看，桫椤科植物濒危的主要原因是抗病能力弱、分化能力差、性器发育易失调、孢苗成活率较低和颈卵器败育等（王金娟 等，2007）。广东的中华桫椤生长在大雾岭的沟谷内，约有40株，由董仕勇等2009年发现。但是由于2016年初华南地区的低温，这一种群受到寒害影响，造成少数植株死亡。一般可用孢子繁殖或组织培养技术繁殖（程治英 等，1992）。

5. 粗齿桫椤 *Alsophila denticulata* Baker

桫椤科 Cyatheaceae

濒危等级 国家：II 级；广东：LC

形态特征：中型草本。植株高 1m 左右，主干短而横卧。叶簇生；叶柄红褐色；鳞片线形，淡棕色，光亮，边缘有疏长刚毛；叶片披针形，二回羽状至三回羽状；羽片 12~16 对，互生，有短柄，长圆形，基部一对羽片稍缩短；裂片斜向疣，边缘有粗齿；羽轴红棕色；小羽轴及主脉密生鳞片。孢子囊群圆形，生于小脉中部或分叉疣；囊群盖缺。

产地：广东大部分山区。

分布：重庆、福建、广西、贵州、湖南、江西、四川、台湾（淡水，模式标本采集地，*William Hancock 55*，BM001039943，K000061689，US00055259）、云南、浙江。日本。

生境：山谷疏林、常绿阔叶林下及林缘沟边。

保育现状：同桫椤科的其他种一样，粗齿桫椤对于研究蕨类植物进化有重要的科学意义。本种主干不通直，跟其他树形蕨类相比，观赏和使用价值不高，数量相对较多，分布较广，因此，在广东大部分地区基本上没有被大量挖取或移栽，种群生长状况良好，但在自然条件下其自身繁殖存在一定的困难。一般可采用孢子繁殖。

6. 大叶黑桫椤 *Alsophila gigantea* Wall. ex Hook.　　桫椤科 Cyatheaceae

濒危等级 国家：II 级；广东：NT

形态特征：植株高 2~5m，有主干。叶长 3m 多，疏被暗棕色短毛；叶片三回羽裂；羽片短柄，长圆形；小羽片约 25 对，互生，裂片 12~15 对，阔三角形，边缘有浅钝齿；小脉 6~7 对，基部下侧叶脉多出自小羽轴；叶为厚纸质。孢子囊群位于主脉与叶缘之间，排列成 V 形，无囊群盖。

产地：博罗、高州、佛山、罗定、阳春、英德、云安、信宜、肇庆。

分布：广西、海南、云南。孟加拉国（Sylhet，模式标本采集地，L0931073）、柬埔寨、印度尼西亚（Java，模式标本采集地，*Millett s.n.*）、老挝、马来西亚（Penang，模式标本采集地，*Dr. Wallich*，*Lady Dalhousie*，*s.n.*）、尼泊尔、斯里兰卡（模式标本采集地，*Mrs. Walker 1919*）、泰国、越南。

生境：通常生于溪沟边的密林下，喜潮湿。

保育现状：大叶黑桫椤具有较高的观赏和药用价值，易被砍伐，再加上生境的破坏和自然条件下自身繁殖的困难，造成了大叶黑桫椤种群数量日益减少，并逐渐变得濒危。一般可采用孢子繁殖，也可进行无菌培养（徐艳 等，2004）。

7．小黑桫椤 *Alsophila metteniana* Hance　　桫椤科 Cyatheaceae

濒危等级　国家：Ⅱ级；广东：LC

形态特征：植株高达 2m。根状茎短而斜升，密生黑棕色鳞片。叶柄黑色，基部生宿存的鳞片；鳞片线形，淡棕色，光亮；叶片三回羽裂；小羽片长向顶端渐狭；裂羽狭长；每裂片有小脉 5~6 对；羽轴红棕色，近光滑；鳞片灰色。孢子囊群生于小脉中部；囊群盖缺。

产地：博罗、怀集、龙川、龙门、乳源、深圳、信宜、阳山、英德。

分布：福建（模式标本采集地，*De Grijs 14120*，K000061696；*De Grijis 16*，B200132820，K000061695）、贵州、江西、台湾、四川、云南。日本。

生境：山坡林下、溪旁或沟边。

保育现状：由于受到林冠层的遮挡，小黑桫椤孢子萌发和配子体发育所必需的红光和蓝光受到影响，限制了小黑桫椤孢子的繁殖。另外，小黑桫椤从孢子萌发到幼孢子体形成需 2 个月左右，这一过程中环境因子的改变会对小黑桫椤孢子萌发及早期配体发育产生影响（杜红红 等，2009）。除了本身的因素外，人类活动对小黑桫椤生境的干扰也是导致其种数量日趋减少的主要原因。但由于小黑桫椤一般个体较小，并不为人们所特别留意，因此，在受保护生境中，其种群生长现状仍为良好。

8．黑桫椤 *Alsophila podophylla* Hook.

桫椤科 Cyatheaceae

濒危等级　国家：II 级；广东：LC

形态特征：植株高 1~3m，有短主干，顶部生出几片大叶。叶柄红棕色，基部略膨大，粗糙或略有小尖刺，被褐棕色披针形厚鳞片；叶片大，一回、二回深裂以至二回羽状；羽片互生，长圆状披针形；叶脉两边均隆起，小脉 3~4 对，叶为坚纸质，两面均无毛。孢子囊群圆形，着生于小脉背面近基部处，无囊群盖，隔丝短。

产地：博罗、潮安、德庆、恩平、广州、封开、高州、乐昌、龙门、梅州、曲江、饶平、乳源、深圳、阳江、阳春、新会、新兴、信宜、英德、肇庆、中山。

分布：福建、广西、海南、香港、台湾（模式标本采集地，*J. C. Bowring 6*，K000061679；*W. A. Harland s.n.*，K000061680，K000061681，K000061682）、云南、浙江。日本、泰国、越南。

生境：山坡林中、溪边灌丛。

保育现状：近年来，黑桫椤幼苗喜光，对水的依赖性很强，当光照不足时则难以生存。由于黑桫椤在林下只是一般的草本植物，除了有较高的科研价值外，其观赏价值不高，所以，在受保护的生境条件下，其种群数量基本没有受到影响。

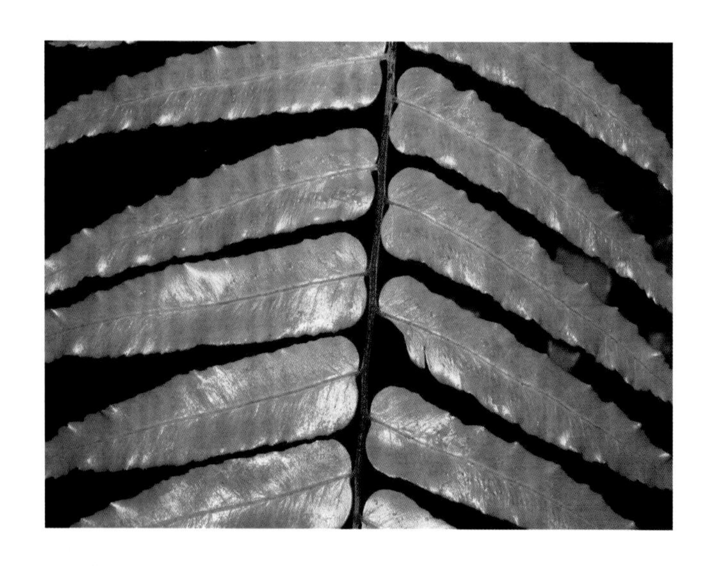

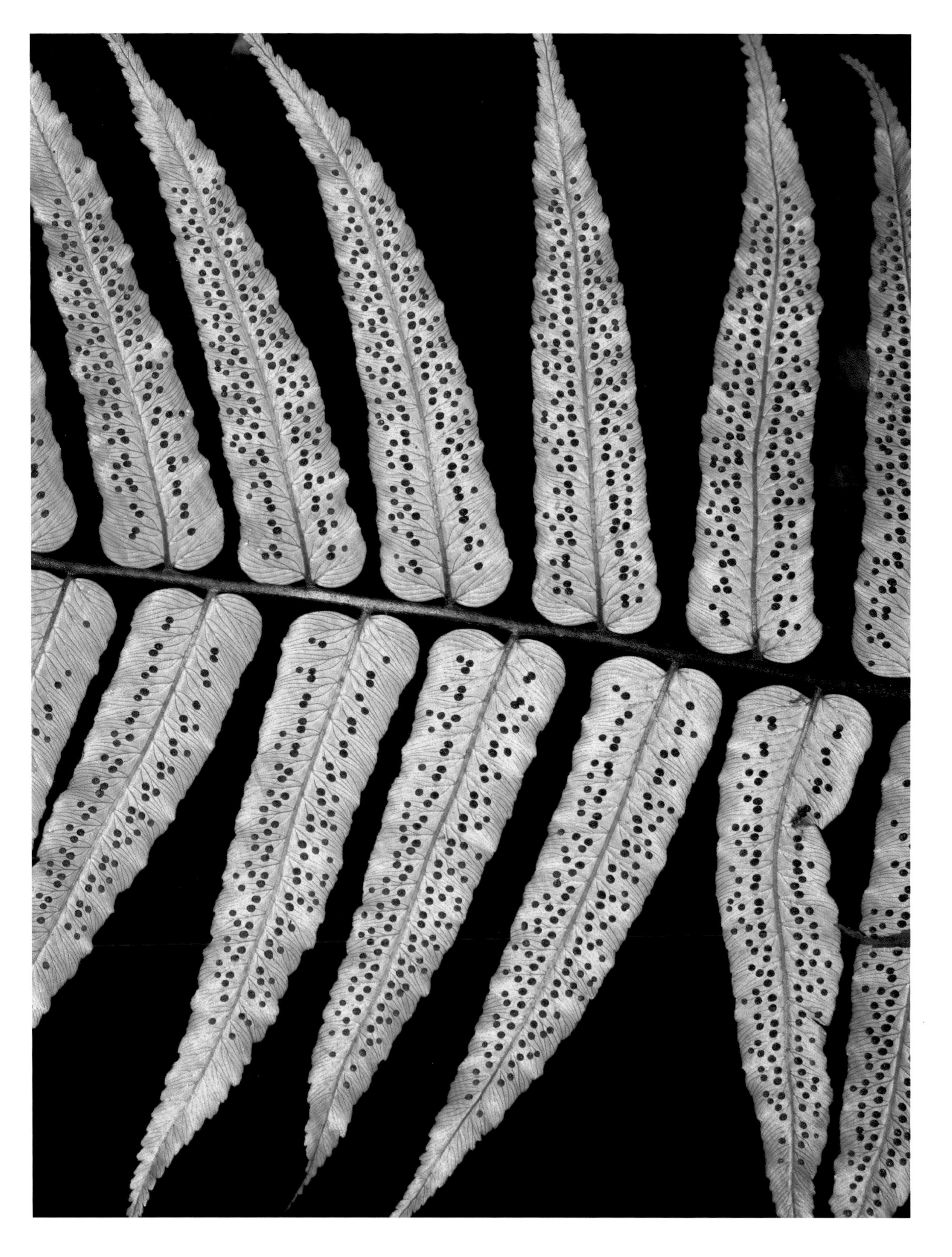

9．桫椤 *Alsophila spinulosa*（Wall. ex Hook.）R. M. Tryon　　桫椤科 Cyatheaceae

濒危等级 国家：II级；广东：EN

形态特征：茎干高可达数米。叶螺旋状排列于茎顶端；茎段端、拳卷叶及叶柄的基部密被鳞片和糠秕状鳞毛；叶片大，三回羽状深裂；羽片17~20对，互生，二回羽状深裂；小羽片18~20对，基部小羽片稍缩短，披针形；叶纸质。孢子囊群生于侧脉分叉处，靠近中脉；囊群盖球形，薄膜质，外侧开裂，易破，成熟时反折覆盖于主脉上面。

产地：广东北部、中部、西部和东部。

分布：福建、广西、贵州、四川、香港、台湾、云南。印度、日本、缅甸、尼泊尔（模式标本采集地，*N. Wallich 178*，K001044562）、泰国。

生境：山地溪流、沟谷旁边或疏林中，长时间低温易引起寒害。

保育现状：由于桫椤体形优美，观赏价值高，常被用来栽植于庭院。民间也有人将其药用，并且还以茎干用于兰花种植等，因此，桫椤常常被人采挖。桫椤自身产生的孢子存活率和萌发率低，以及幼体竞争力不强等自身原因，加之人类活动带来的生境破坏，导致其种群和个体数量的减少，致使其处于濒危的境地。可用孢子繁殖和组织培养技术繁殖（程治英 等，1991）。

10. 白桫椤 *Sphaeropteris brunonia*（Wall. ex Hook.）R. M. Tryon　　桫椤科 Cyatheaceae

濒危等级　国家：Ⅱ级；广东：RE

形态特征：茎干高。叶柄常被白粉，基部有小疣突，其余光滑；鳞片薄，灰白色，边缘有斜上的黑色刺毛；叶片大，三回羽状深裂，被白粉。每裂片有孢子囊群7~9对，位于叶缘与主脉之间，无囊群盖，隔丝发达，与孢子囊几等长或长于孢子囊。

产地：信宜。

分布：海南、西藏、云南。孟加拉国、不丹、印度、缅甸、尼泊尔（Sylhet山区，模式标本采集地，*W. Gomez in N. Wallich Cat. no. 7073*，K001126691，K001126692）、越南。

生境：喜高温潮湿的山沟谷底。

保育现状：白桫椤在自然条件下繁殖困难，人类活动的干扰，导致其种群数量越来越少。广东的白桫椤野生种群仅在信宜大雾岭一带发现过，但由于2008年春季较长的低温造成寒害，使其遭遇灭顶之灾，此后的多次实地调查未能找到野生种群，估计其在广东地区已经野外灭绝。孢子繁殖。

11. 水蕨 *Ceratopteris thalictroides*（L.）Brongn.　凤尾蕨科 Pteridaceae

濒危等级　IUCN: LC；国家：II 级；广东：VU

形态特征：植株幼嫩时呈绿色，形态差异较大。根状茎以一簇粗根着生于淤泥中。叶簇生，二型。不育叶绿色，二至四回羽状深裂；叶片长圆形或卵状三角形，二三回羽状深裂；向上各对羽片均逐渐变小。孢子囊沿能育叶的裂片主脉两侧的网眼着生，幼时为连续不断的反卷叶缘所覆盖。

产地：广东中部、西部和东部。

分布：安徽、福建、广西、湖北、江苏、江西、山东、四川、香港、台湾、云南、浙江。亚洲（模式标本采自斯里兰卡，*Paul Hermann s.n.*，BM000621957，BM000621958，BM000621959）、非洲、欧洲。

生境：池沼、水田或水沟的淤泥中，有时漂浮于水面，大部分出现在短暂、易变的生境中。

保育现状：水蕨是研究植物遗传学的好材料，具有很高的药用、食用、观赏和科研价值。目前大部分现存水蕨种群的个体数量偏少，已经绝迹种群分布点原生境已经遭到破坏（董元火 等，2011）。人为破坏、自然灾害和物种竞争是水蕨濒危的主要原因（吴翠，2005）。研究表明，在水蕨总的遗传资源中，相当大的部分能够通过保护少数几个大的种群和适合保护的种群而得以维护（董元火 等，2011）。水蕨一般可采用孢子繁殖、分株繁殖和离体培养（陈庆山，2013）。不同地点的水蕨孢子萌发率在 39.30% ～ 91.89%，存在显著性差异（吴翠，2005）。

12. 苏铁蕨 *Brainea insignis*（Hook.）J. Sm.　　乌毛蕨科 Blechnaceae

濒危等级　国家：II 级；广东：NT

形态特征：植株高可达 2m，主轴直立或斜上，单一或有时分叉，黑褐色，木质。叶簇生于主轴的顶部；叶柄光滑或下部略显粗糙；叶片椭圆状披针形，一回羽状；羽片 30~50 对；能育叶与不育叶同形，边缘有时呈不规则的浅裂。叶脉两面均明显，沿主脉两侧各有 1 行三角形或多角形网眼。叶革质，下面棕色。孢子囊群沿主脉两侧的小脉着生，成熟时逐渐满布于主脉两侧，最终满布于能育羽片的下面。

产地：零星生长于广东东部、中部、西部等。

分布：福建、广西、贵州、海南、香港、台湾（模式标本采集地，*J. G. Champion 294*，K001092757；*J. G. Champion 295*，K001092758）、云南。印度、菲律宾、泰国。

生境：山坡向阳处，一般近河谷或溪流处。

保育现状：苏铁蕨是单种属植物，也是现存蕨类植物中除桫椤科外唯一具有大型主干的种类，是古生代泥盆纪孑遗植物，具有很高的科研价值。苏铁蕨状如苏铁，观赏价值高，野生居群分布较为零星且受人为破坏（蔡增旺 等，2014），在广东潮州发现有大面积的苏铁蕨群落分布，河源大桂山分布也较多。一般可采用孢子繁殖或幼叶进行组织培养。

13. 广东苏铁 *Cycas taiwaniana* Carr.　　　　苏铁科 Cycadaceae

濒危等级 国家：II级；广东：CR；杨永等（2017）：EN

形态特征： 树干圆柱形。羽状叶长，条状矩圆形，叶柄两侧有刺，条形。雌雄异株。雄球花近圆柱形或长椭圆形，横切面宽三角形，顶端近截形，有刺状尖头；大孢子叶密生黄褐色或锈色绒毛，成熟后逐渐脱落，柄的中上部两侧着生4~6枚胚珠。种子椭圆形或矩圆形，稀卵圆形，稍扁，熟时红褐色，顶端微凹，外面有不规则的皱纹。

产地： 博罗、鹤山、乐昌、平远、曲江、台山、乳源、深圳、翁源、肇庆。

分布： 福建、广西、海南、湖南、台湾（模式标本采集地，*R. Swinhoe s.n.*，BM000630452，K000961260）、云南。越南。

生境： 沿河两岸的山坡和丛林中。

保育现状： 也称为闽粤苏铁、台湾苏铁，其与仙湖苏铁 *C. fairylakeana* D. Y. Wang 的分类学问题存在着争论，本书沿用了 *Flora of China* 的分类处理，即将后者归并于前者（Chen & Stevenson，1999）。广东苏铁具有较高的观赏价值，因此常被人们肆意挖取，致使野生种群濒于消失。资料显示，广东有此种2 596株，其中深圳塘朗山有近2 500株（何克军 等，2005）。广东苏铁一般从种子发芽到植株成熟需十多年时间，自然结果率低，与其他物种竞争处于劣势，加上人为采挖严重，目前其野生种群在广东省已经很难找到。可以通过分蘖和切杆进行繁殖。

14. 华南五针松 *Pinus kwangtungensis* Chun & Tsiang　　松科 Pinaceae

濒危等级 国家：II 级；广东：NT

形态特征：乔木。树皮常裂成不规则的鳞状块片。针叶 5 针一束，先端尖，边缘有疏生细锯齿，仅腹面每侧有 4~5 条白色气孔线。球果柱状矩圆形或圆柱状卵形，通常单生，熟时淡红褐色；种鳞楔状倒卵形；种子椭圆形或倒卵形，连同种翅与种鳞近等长。花期 4—5 月，球果翌年 10 月成熟。

产地：乐昌（模式标本采集地，*左景烈 21130*，E00005645）、连州、乳源、阳山、连南、连山。

分布：广西、贵州、海南、湖南。越南。

生境：喜生于温湿、土壤深厚及多岩石的山坡与山脊上。

保育现状：华南五针松在分类学上有时被归并至海南五针松 *P. fenzeliana* Hand.-Mazz.，但是许多研究人员并不认同这一分类处理，认为两个种在叶片长短等特征上极易区分。华南五针松为良好的材用树种，但种子具有休眠期且发芽率较低，温度、降水和湿度是影响其地理分布的主要限制因子（陶翠 等，2012）。华南五针松在广东北部的南岭国家级自然保护区内比较常见，常连片生长，保护现状良好。一般可采用种子繁殖。

15．福建柏 *Fokienia hodginsii*（Dunn）A. Henry & H. H. Thomas 柏科 Cupressaceae

濒危等级 国家：II 级；广东：VU；杨永（2017）：VU

形态特征：乔木。树皮平滑；生鳞叶的小枝扁平，排成一平面。鳞叶 2 对交叉对生，成节状，生于幼树或萌芽枝上的中央之叶呈楔状倒披针形，通常直而斜展，稀微向内曲，背侧面具一凹陷的白色气孔带。雄球花近球形。球果近球形，熟时褐色；种子顶端尖，上部有两个大小不等的翅。花期 3—4 月，种子翌年 10—11 月成熟。

产地：乐昌、连山、连州、乳源、新丰、阳春、阳山。

分布：浙江、福建（南平市延平区，模式标本采集地，*S. T. Dunn*，*in Hongkong Herb. 3505*，A00022477，K000088294）、广西、贵州、湖南、江西、云南。老挝、越南。

生境：常见于中海拔地区温暖湿润的山地森林中。

保育现状：福建柏具有较高的观赏价值，也是良好的用材树种，还是一种孑遗植物，具有较高的科研价值。其幼苗死亡率高，野生个体常受到人为砍伐而导致其濒危。早期调查数据表明，广东有福建柏约 5.6 万株（国家林业局，2009）。经采种或扦插繁殖，目前在福建、广东、广西等省区已经开展了福建柏的人工造林并取得了良好的效果。通过将福建柏的野生种群进行人工繁育、栽培和推广，其遗传多样性得到了有效保护。

16. 水松 *Glyptostrobus pensilis*（Staunton ex D. Don）K. Koch　　柏科 Cupressaceae

濒危等级 IUCN: CR；国家：Ⅰ级；广东：CR；杨永（2017）: CR

形态特征： 乔木。树干基部膨大成柱槽状；树皮纵裂成不规则的长条片。叶多型，鳞形叶螺旋状着生于多年生或当年生的主枝上；条形叶两侧扁平，常列成二列，背面中脉两侧有气孔带；条状钻形叶两侧扁。球果倒卵圆形；种鳞木质；苞鳞与种鳞几全部合生；种子椭圆形，稍扁，褐色，具翅。花期1—2月，球果秋后成熟。

产地： 广州、博罗、惠州、平远、怀集、高州、珠海。模式标本采自广东（*G. Staunton s.n.*，BM000611482）。

分布： 福建、广西、湖南、江西、云南有少量天然分布，安徽、重庆、河南、湖北、江苏、浙江、山东、上海、四川、香港、台湾、云南有引种栽培。越南、老挝。

生境： 为喜光树种，喜温暖湿润的气候，对土壤的适应性较强，而以水分较多的冲积土上生长最好，适生于河岸、池边、湖旁或沼泽地等湿生环境，尤其是河流三角洲低海拔地带。

保育现状： 水松是孑遗植物，在古植物学和第四纪冰川气候等方面有重要的科研价值。水松曾广泛分布于珠江三角洲地区，由于近50年来人类活动的强烈干扰，其野生种群和个体数量骤减，主要表现在其野生种群生长不良或处于濒死状态，种群和个体数量少且无法自然更新，人类活动对其生境的干扰过于强烈，现已成为极小种群植物（陈雨晴 等，2016）。有人认为水松的野生种群已经不复存在，但通过对国内水松古树的调查及在越南和老挝均发现水松的事实来看，目前残存的水松古树应为野生天然水松种群的代表。用水松种子萌发育苗是繁殖水松最为简便的方式。目前珠海市斗门区竹洲岛种植水松约7万株，为面积最大的水松人工林。中国科学院华南植物园也开展了对全球水松遗传多样性的保育工作。对水松群落进行系统发育多样性分析结果表明，在对水松种群进行保护时，要尽量减少群落中人为恶性干扰因素和外来植物的入侵威胁，以增强水松种群和个体的健康水平，维持群落系统发育的多样性，从而提高水松种群抵抗力和恢复力的稳定性（陈雨晴 等，2017）。

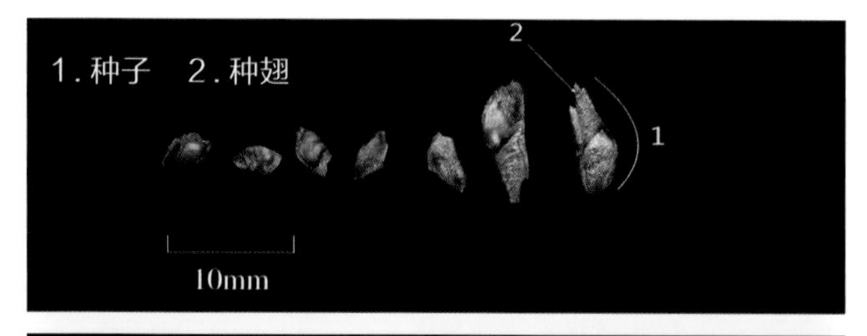

17. 篦子三尖杉 *Cephalotaxus oliveri* Mast.

红豆杉科 Taxaceae

濒危等级 国家：Ⅱ级；广东：EN；杨永（2017）：VU

形态特征：灌木。树皮灰褐色。叶条形，平展成两列，排列紧密，下面气孔带白色。雄球花6~7聚生成头状花序，基部及总梗上部有10余枚苞片，每一雄球花基部有1枚广卵形的苞片；雌球花的胚珠通常1~2枚发育成种子。种子倒卵圆形、卵圆形或近球形，顶端中央有小凸尖。花期3—4月，种子8—10月成熟。

产地：乐昌、连州、仁化、乳源、始兴。

分布：重庆、广西、贵州、湖北（宜昌，模式标本采集地，*A. Henry 7479*，B100296989，K000287999，US00012031）、湖南、江西、四川、云南。越南。

生境：温凉湿润的林缘或河岸路旁。

保育现状：本种木材坚实，即可提取多种植物碱，又可用作庭园树种，还是一种孑遗植物，具有很高的科研价值，因此，其常常受到人们的广泛关注。篦子三尖杉的遗传多样性低、繁育系数低，人为砍伐严重，致使其种群数量低。早期调查数据显示，全国有331万多株篦子三尖杉，广东仅569株（国家林业局，2009）。据报道，广东仁化长江镇篦子三尖杉的个体数量在2007年时有165株，2008年冰灾后尚有125株，也有较多幼苗生长，所以应加强对这一地区该物种的迁地和就地保护工作（缪绅裕 等，2014）。一般可采用种子繁殖、扦插繁殖及组织培养技术繁殖。

18. 白豆杉 *Pseudotaxus chienii*（W. C. Cheng）W. C. Cheng 红豆杉科 Taxaceae

濒危等级 国家：II 级；广东：CR；杨永（2017）：VU

形态特征：灌木。树皮灰褐色，裂成条片状脱落。叶条形，排列成两列，直或微弯，先端凸尖，基部近圆形，有短柄，两面中脉隆起，上面光绿色，下面有两条白色气孔带，较绿色边带宽或几等宽。种子卵圆形，顶端有突起的小尖，成熟时肉质杯状假种皮白色，基部有宿存的苞片。花期 3 月下旬至 5 月，种子 10 月成熟。

产地：乐昌、乳源。

分布：广西、湖南、江西、浙江（龙泉市昴山，后选模式标本采集地，*陈诗 1384*，IBSC0003234，PE00000078，PE00000079，PE00000084，WUK0000141，WUK0000144）。中国特有种。

生境：常绿阔叶树林的沟谷地带及溪边灌丛中。

保育现状：白豆杉是一种孑遗植物，具有很高的科研价值。其木材纹理均匀，结构细致，为较好的雕刻用材。浙江是我国白豆杉分布最多的省份（国家林业局，2009），而目前广东仅发现 2 个野生种群，数量少。人为砍伐及人类活动带来的生境破坏是白豆杉濒危的主要原因。一般可采用种子繁殖或扦插繁殖，实行就地保护为主（徐晓婷 等，2008）。

19. 南方红豆杉 *Taxus wallichiana* Zucc. var. *mairei*（Lemée & H. Lév.）L. K. Fu & Nan Li　　红豆杉科 Taxaceae

濒危等级 国家：I 级；广东：VU

形态特征：乔木。叶常较宽长，多呈弯镰状，上部常渐窄，先端渐尖，下面中脉带上无角质乳头状突起点，中脉带明晰可见，其色泽与气孔带相异，呈淡黄绿色或绿色，绿色边带亦较宽而明显。种子通常较大，微扁，多呈倒卵圆形，上部较宽，稀柱状矩圆形；假种皮成熟后红色。

产地：潮安、怀集、乐昌、连南、连山、连州、仁化、乳源、阳山。

分布：安徽、福建、甘肃、广西、贵州、河南、湖北、湖南、江西、陕西、四川、台湾、云南（昆明市东川区，模式标本采集地，*E. E. Maire s.n.*，E00094199）、浙江。印度、老挝、缅甸、越南。

生境：山地阴坡、半阴坡，以及沟谷的针叶林、针阔叶混交林及落叶阔叶林中。

保育现状：南方红豆杉具有很好的材用价值，为我国的珍贵材用树种（国家林业局，2017），也有重要的药用和观赏价值。南方红豆杉本身的生殖生物学特性、林分更新特点、种群遗传特性等，使它的天然繁殖扩散受到一定的阻碍，导致其天然种群更新较差。何克军等（2005）调查资料显示，该种在广东省有117 331 株，其中乳源县就有 91 398 株，这表明其种群状况尚处于正常状态。但在未来的保育实践中，应当发挥广东南岭红豆杉森林公园的作用，加强对南方红豆杉古树资源的保护工作。可采用种子繁殖、扦插繁殖和组织培养技术繁殖（陈易展 等，2018）。

20. 莼菜 *Brasenia schreberi* J. F. Gmel. 莼菜科 Cabombaceae

濒危等级 国家：I级；广东：CR

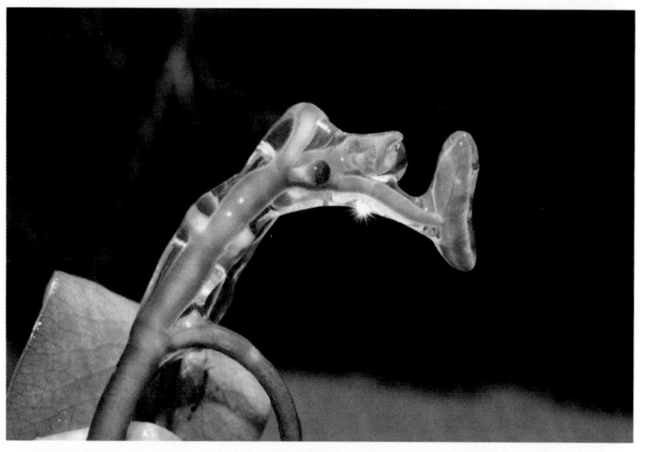

形态特征：多年生水生草本。根状茎具叶及匍匐枝，后者在节部生根，并生具叶枝条及其他匍匐枝。叶椭圆状矩圆形，叶柄和花梗均有柔毛。花暗紫色；萼片及花瓣条形，先端圆钝。坚果矩圆卵形。花期6月，果期10—11月。

产地：南雄、阳山。

分布：江苏、台湾、浙江。西亚、非洲、大洋洲、美洲（新泽西州，模式标本采集地，*J. Hope s.n.*，M0110828）。

生境：水质良好、没有污染的池塘湿地。

保育现状：本种嫩茎叶可作蔬菜食用，还具有很高的药用价值。由于水生环境的破坏，特别是水质受到污染及湿地被大量征用，大多数莼菜分布点已完全消失，广东目前野生莼菜的分布点仅有2个。虽然莼菜很容易通过根茎进行繁殖，但是对野生莼菜的种质资源和遗传多样性的保护已经刻不容缓。

21. 厚叶木莲 *Manglietia pachyphylla* Hung T. Chang 木兰科 Magnoliaceae

濒危等级 国家：II 级；广东：VU

形态特征：乔木。叶厚革质，倒卵状椭圆形或倒卵状长圆形。花芳香，白色。聚合果椭圆体形；蓇葖背面有凹沟，顶端有短喙；种子 3~4 颗，扁球形。花期 5 月，果期 9—10 月。

产地：广州（从化区吕田三角山，模式标本采集地，*王伯荪，丘华兴 241*，SYS00095523）、龙门、新丰。广东特有种。

生境：常绿阔叶林中。

保育现状：厚叶木莲木材坚硬、树形美观，可作材用和庭园绿化观赏树种。其野外自然结果率低，一株母树可产生数百个花蕾，但结果还不到 10 个；种子在萌发时受到生长空间的限制，并且种子萌发率偏低还常被动物食用，因此，厚叶木莲种群自然繁殖能力弱，种群更新较差，目前已经处于衰退状态，应加强就地保护，同时进行迁地保护和推广应用（曾庆文 等，1999；杨晓丽 等，2013）。种子繁殖。

22. 石碌含笑 *Michelia shiluensis* Chun & Y. F. Wu　　木兰科 Magnoliaceae

濒危等级 国家：Ⅱ级；广东：EN

形态特征：乔木。叶革质，倒卵状长圆形，先端圆钝，具短尖，基部楔形或宽楔形；无托叶痕。花白色，花被片9枚，3轮，倒卵形。聚合果；蓇葖有时仅数个发育；种子宽椭圆形。花期3—5月，果期6—8月。

产地：阳春（河尾山、鹅凰嶂）。

分布：海南［霸王岭，模式标本采集地，*海南勘察队（林业厅）90669*，IBSC］。中国特有种。

生境：山沟溪流两侧、山脊疏林中。

保育现状：石碌含笑具有很好的观赏价值，同时也是一种优良的木材。对海南石碌含笑种群结构特征的研究结果表明，本种地理分布狭窄，种群分布不连续，生境破碎化严重，野生资源数量稀少，尤其是幼苗和幼树个体稀少，种群年龄结构呈纺锤形，属于衰退种群（魏亚情 等，2017）。广东境内仅在阳春有野生种群分布，但极少见，在广州等地已经引种栽培。种子繁殖。

23．樟 *Cinnamomum camphora*（L.）Presl 樟科 Lauraceae

濒危等级 国家：Ⅱ级；广东：LC

形态特征：常绿大乔木。枝、叶及木材均有樟脑气味；树皮黄褐色，有不规则的纵裂。叶互生，卵状椭圆形，边缘全缘，具离基三出脉，有时过渡到基部具不显的5脉。圆锥花序腋生，具梗；花绿白色或带黄色。果卵球形或近球形；果托杯状。花期4—5月，果期8—11月。

产地：广东各地。

分布：长江以南各省区都有分布。日本（模式标本采集地）、朝鲜、越南。

生境：山坡或沟谷疏林中。普遍栽培。

保育现状：樟木材及根、枝、叶可提取樟脑和樟油，供医药及香料工业用，也是良好的材用树种。目前广泛用于城市、乡村公路或庭园绿化。近几年来人为砍伐严重，同时人类活动给樟的生境带来严重破坏，使其野生种群数量不断下降。早期调查资料显示，全国至少有樟树1 046万株，广东有12.8万株（国家林业局，2009）。种子繁殖或扦插繁殖。

24. 卵叶桂 *Cinnamomum rigidissimum* Hung T. Chang 樟科 Lauraceae

国家：II 级；广东：NT

形态特征：小至中乔木。枝条圆柱形，灰褐色或黑褐色，无毛，有松脂的香气；小枝略扁，有棱角。叶对生，卵圆形、阔卵形或椭圆形，革质或硬革质，离基三出脉。花序近伞形，生于当年生枝的叶腋内。成熟果卵球形，乳黄色；果托浅杯状，顶端截形，淡绿色至绿蓝色。果期 8 月。

产地：新丰、肇庆、封开。

分布：广西（十万大山，上思县登龙村，模式标本采集地，*W. T. Tsang*（*曾怀德*）*24330*，A00041248，SYS00095605，SYS00067203）、海南、台湾、云南。中国特有种。

生境：林中溪边疏林中。

保育现状：卵叶桂具有很高的观赏、药用价值，同时又是优良的木材。在海南尖峰岭地区，卵叶桂主要面临的威胁来自于人类的乱砍滥伐及生境破坏（罗文 等，2009；罗文 等，2010）。早期调查资料显示，全国有卵叶桂 11.13 万株，其中海南最多，占总数的 60% 以上，而在该种的模式产地广西十万大山未再发现（国家林业局，2009）。目前对广东地区卵叶桂野外种群的生长状况了解尚少，需要在进行详细调查后制订有效的保护策略。可采用种子繁殖。

25．闽楠 *Phoebe bournei*（Hemsl.）Yen C. Yang　　樟科 Lauraceae

濒危等级 国家：II 级；广东：EN

形态特征：乔木。叶革质或厚革质，披针形或倒披针形，先端渐尖或长渐尖，基部渐狭或楔形。花序生于新枝中下部，被毛，通常 3~4 个，为紧缩不开展的圆锥花序。果椭圆形或长圆形；宿存花被片被毛，紧贴。花期 4 月，果期 10—11 月。

产地：大埔、乐昌、平远、曲江、仁化、始兴、英德。

分布：福建（Wuikang，模式标本采集地，*F. S. A. Bourne s.n.*，K）、广西、贵州、江西、湖北、湖南、浙江。中国特有种。

生境：山地沟谷阔叶林中。

保育现状：闽楠为重要的材用树种，所以经常被人们砍伐，再加上幼苗成活率低、生长缓慢，导致其野生种群处于濒危状态，大径材个体已经很难找到。广东省的闽楠种群目前多见于自然保护区内，基本上受到较好的保护。早期调查资料显示，全国有闽楠 17.87 万株，广东有 1 586 株（国家林业局，2009）。建议通过种子繁殖、扦插繁殖或组织培养育苗繁殖，并营造闽楠人工林或与其他树种的混交林。

26．酸竹 *Acidosasa chinensis* C. D. Chu & C. S. Chao ex Keng f. 禾本科 Poaceae

濒危等级 国家：II 级；广东：LC；马乃训等（2006）：EN

形态特征：竿幼时密被短刺毛，具明显的细微纵向肋棱；竿环与箨环均微隆起。笋箨鞘褐红色，背部被有短刺毛；箨舌短，具流苏状短纤毛；箨片披针形。叶片长圆状披针形或披针形。花枝顶生，总状或圆锥花序。笋期 4—5 月，花期 10 月。

产地：阳春［河尾山，模式标本采集地，*梁葵（梁向日）69503*，NF］、电白。广东特有种。

生境：山区疏林下或路旁开旷地。

保育现状：酸竹竿可供造纸或篾用，笋可食用或加工成腌制品，味酸，故名酸竹。人为砍伐严重及生境的破坏，再加上酸竹种群分布较狭窄，导致酸竹处于濒危状态（马乃训 等，2006）。早期调查资料显示，酸竹群落面积在 312hm^2，共 796.37 万竿（国家林业局，2009）。随着人们生活水平的提高和保护力度的加强，目前广东酸竹野生种群生长状况良好。

27. 药用野生稻 *Oryza officinalis* Wall. ex G. Watt

禾本科 Poaceae

濒危等级 国家：II 级；广东：EN

形态特征：多年生草本。秆直立或下部匍匐。叶舌膜质，无毛；叶片宽大，线状披针形。圆锥花序大型，基部常为顶生叶鞘所包；颖果扁平，红褐色。

产地：封开、广宁、怀集、雷州、罗定、四会、新兴、徐闻、郁南、云浮、肇庆。

分布：广西、海南、云南。不丹、柬埔寨、印度、印度尼西亚、马来西亚、缅甸（Tavoy，模式标本采集地，*W. Gomez in N. Wallich Cat. no. 8635*，K001131046，K000032075）、尼泊尔、新几内亚、菲律宾、斯里兰卡、泰国、越南。

生境：丘陵山坡中下部的冲积地和沟边。

保育现状：药用野生稻为重要的野生遗传资源，是栽培水稻改良的基因库，具有重要的科研价值。由于生境破坏、外来物种入侵和遗传组成的改变，其野生资源面临濒危的境地。以广西为例，近 30 年来，由于受开荒、修路、筑坝、经济林种植等活动的影响，广西药用野生稻栖息地遭到极大破坏，药用野生稻资源分布点数量急剧下降，分布面积锐减（梁世春等，2013）。目前对广东药用野生稻的野生资源状况了解还十分不够，需要开展进一步的调查。野生稻原地保护被认为是最完整的保护方式。

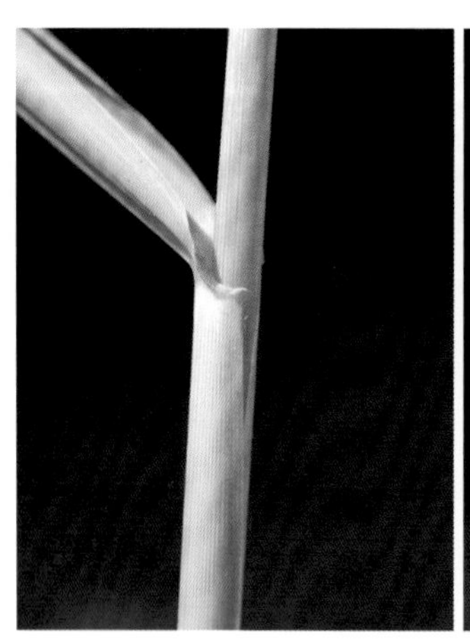

28．普通野生稻 *Oryza rufipogon* Griff.　　禾本科 Poaceae

濒危等级 国家：II级；广东：CR

形态特征：多年生水生草本。秆高约1.5m，于下部海绵质或节上生根。叶鞘圆筒形；叶舌长，叶耳明显；叶片线形，扁平。圆锥花序直立而后下垂；主轴及分枝粗糙。颖果长圆形。花果期4—5月和10—11月。

产地：博罗、电白、恩平、佛冈、高州、海丰、河源、化州、惠东、惠来、惠阳、开平、雷州、龙门、陆丰、陆河、普宁、饶平、遂溪、台山、阳东、阳春、阳西、英德、紫金。

分布：广西、海南、云南、台湾。孟加拉国、柬埔寨、印度、印度尼西亚、马来西亚、缅甸、新几内亚、巴基斯坦（新模式标本采集地，*A. W. Tim s.n.*，K000032071）、斯里兰卡、菲律宾、泰国、越南、澳大利亚。

生境：池塘、溪沟、沼泽等低湿地。

保育现状：普通野生稻是栽培稻的近缘野生种，是水稻育种的重要野生遗传资源库。广东省普通野生稻资源状况调查结果显示，截至2016年，原记载的1 083个分布点中的980个分布点全部消失，目前仅有25个县（市）118个分布点。在广东省原有普通野生稻分布的17个地级市中，现在有7个地级市普通野生稻已野外灭绝，7个地级市普通野生稻处于极危状态，3个地级市普通野生稻处于濒危状态。造成广东普通野生稻濒危严重的最主要原因，是由于垦荒造田、水利建设、城镇建设、养殖业发展、除草剂使用、外来物种的侵袭等造成野生稻生境受到严重干扰（范芝兰 等，2017）。因此，要加强野生稻原生境保护、建立原位保护点，并对遭受严重威胁的分布点立即实行异位保存。

29. 拟高粱 *Sorghum propinquum*（Kunth）Hitchc.

禾本科 Poaceae

濒危等级 国家：Ⅱ级；广东：EN

形态特征：多年生草本。根茎粗壮。秆直立。叶鞘无毛，或鞘口内面及边缘具柔毛；叶舌质较硬；叶片线形或线状披针形。圆锥花序开展；分枝纤细。颖果倒卵形，棕褐色；有柄小穗雄性。花果期夏秋季。

产地：广州、乐昌。

分布：福建、广西、四川、台湾、云南，在江苏等地有引种。南亚及东南亚地区。

生境：河旁或坡地上。抗旱能力强，适宜在湿润疏松的红壤中生长。

保育现状：拟高粱是重要的野生遗传资源，具有重要的科研价值，也可作为牛羊的过冬饲料，是一种优良的高产优质牧草。生境的破坏和丧失导致其野生种群的生长和分布受到严重影响。可以通过种子繁殖或根茎及茎秆扦插繁殖进行推广和种植。

30. 中华结缕草 *Zoysia sinica* Hance　　禾本科 Poaceae

濒危等级　国家：Ⅱ级；广东：LC

形态特征：多年生草本。具横走根茎。秆高13~30cm。叶鞘无毛；叶片淡绿色或灰绿色。总状花序穗形，小穗伸出叶鞘外；小穗披针形或卵状披针形，黄褐色或略带紫色。颖果棕褐色，长椭圆形。花果期5—10月。

产地：潮安、汕头。

分布：安徽、福建（厦门，模式标本采集地，*Herb. H. F. Hance 10155*，GH00024589，MEL1058577，W0021872）、广西、海南、江苏、河北、辽宁、山东、香港、台湾、浙江。日本。

生境：海边沙滩、河岸、路旁。耐旱、耐水淹，对环境适应性广。

保育现状：中华结缕草是优良的野生遗传资源，具有重要的科研价值。另外，本种叶片质硬，耐践踏，宜作为铺建球场草坪，也是一种良好的水土保持植物。海岸带生境破坏及物种本身竞争性差、种性退化等是造成其濒危的主要原因。在自然条件下，中华结缕草以无性繁殖为主。

31. 半枫荷 *Semiliquidambar cathayensis* Hung T. Chang　　阿丁枫科 Altingiaceae

濒危等级 国家：II 级；广东：EN

形态特征：常绿乔木；树皮灰色；芽体长卵形，略有短柔毛。叶簇生于枝顶，革质，异型，卵状椭圆形或为掌状 3 裂；边缘有具腺锯齿；掌状脉 3 条。雄花短穗状花序常数个排成总状；雌花头状花序单生。头状果序有蒴果 22~28 个，宿存萼齿比花柱短。

产地：蕉岭、陆河、乳源（模式标本采集地，*高锡朋 53448*，IBK00190878，IBSC0001068，NAS00071166，PE00029881）、五华、信宜、英德。

分布：福建、广西、贵州、海南、江西。中国特有种。

生境：喜阳耐阴，喜温暖湿润气候，多生于阴坡或半阴坡林地或疏林内，土层深厚、土质肥沃、排水良好的酸性土壤更适合其生长。

保育现状：半枫荷具有药用、科研、材用和观赏等重要价值。民间多采挖其根部和树皮用于治疗和预防疾病，因此，其野生种群常受到较大的威胁。其种子萌发力低，适应环境能力差，种群和个体较为稀少，常单株或数株一起生长。早期调查资料显示，广东有半枫荷 679 株（国家林业局，2009），最大的野生种群应为平远县约 100 株的种群（缪绅裕 等，2008）。本种在广东的整体生长现状仍属较差，但有幼苗生长，人工可以种子繁殖、扦插繁殖及组织培养技术繁殖等方法进行保育，在满足人们药用需求的同时，也可开展半枫荷的造林工作。

32. 长柄双花木 *Disanthus cercidifolius* Maxim. subsp. *longipes* (Hung T. Chang) K. Y. Pan 金缕梅科 Hamamelidaceae

濒危等级 国家：II 级；广东：EN

形态特征：多分枝灌木。小枝有细小皮孔。叶片阔卵圆形，先端钝或为圆形，掌状脉 5~7 条，全缘。头状花序腋生，苞片联生成短筒状；萼筒花开放时反卷；花瓣红色，狭长带形。蒴果倒卵形，果序柄较长。种子黑色，有光泽。

产地：连州（大东山）。

分布：湖南［宜章县，莽山，模式标本采集地，*H. S. Chun*（*陈少卿*）*2894*，AU039250，IBK00076533，IBK00076536，KUN0479928，NAS00071154，PE00819702，SZ00187254］、江西、浙江。中国特有种。

生境：山坡林地。

保育现状：长柄双花木为孑遗的单种属植物，在研究金缕梅科的系统发育和东亚植物区系地理等方面具有较高的学术价值。长柄双花木还具有很好的园林应用价值。其特殊的生活史特性及种子仅靠蒴果开裂时的弹力传播，加上居群彼此孤立、缺乏相互交流，从而制约了该物种的自我繁衍及居群的扩张，这可能是其濒危的根本原因。只有结合就地保护、迁地保护和回归引种三种措施，才能对长柄双花木进行有效保护（高浦新 等，2013）。目前广东南岭国家级自然保护区大东山管理处有 1 万多株，为广东境内目前唯一的自然分布地，其生长范围毗连保护区实验区，但目前尚未纳入保护区管理范围。2009 年 2 月此地部分范围发生火灾，但预期种群可自我更新到原未过火前的种群水平（缪绅裕 等，2013）。

33. 四药门花 *Loropetalum subcordatum*（Benth.）Oliv. 金缕梅科 Hamamelidaceae

濒危等级 国家：Ⅱ级；广东：CR

形态特征：小乔木。叶革质，卵状或椭圆形，先端短急尖，基部圆形或微心形，下面秃净无毛；托叶披针形，被星毛。头状花序腋生；花两性；花瓣5片，带状，白色。蒴果近球形，有褐色星毛。种子长卵形，黑色。

产地：台山、中山。

分布：广西、贵州、香港（模式标本采集地，*C. Wilford 323*，BM000906229，K000704907）。中国特有种。

生境：山谷溪流两旁的常绿阔叶林中。

保育现状：四药门花是金缕梅科中最为原始的代表，对研究金缕梅科的系统演化具有特别重要的意义。其自然繁育过程存在困难，存在自交衰退现象。可通过种子繁殖、扦插繁殖或组织培养技术繁殖。

34. 合柱金莲木 *Sauvagesia rhodoleuca*（Diels）M. C. E. Amaral 金莲木科 Ochnaceae

濒危等级 国家：I级；广东：VU

形态特征：直立小灌木。茎常单生或近顶部分叉。叶薄纸质，狭披针形或狭椭圆形，两端渐尖，边缘有密而不相等的腺状锯齿。圆锥花序较狭，花少数，具细长柄；花瓣椭圆形，白色。蒴果卵球形，熟时3瓣裂；种子椭圆形。花期4—5月，果期6—7月。

产地：封开、广宁、怀集、连山、阳江。

分布：广西（金秀县罗香，模式标本采集地，*辛树帜 8197*，K000657953）。中国特有种。

生境：低山土层深厚、肥沃、湿润的山谷涧边林下。

保育现状：合柱金莲木分布区域狭窄，生境独特，种群数量稀少，为我国特有的单种属植物，对研究金莲木科植物的区系发生与演化等具有科学意义。其种子萌发对温度的适应范围狭窄，幼苗生长缓慢，使得其在种间竞争中处于不利地位，致使该物种自然更新困难。此外，生境破坏和人为挖根入药也是导致种群数量减少和衰退的原因（柴胜丰 等，2010）。早期调查数据显示，全国共有合柱金莲木约2.18万株，约96%在广西（国家林业局，2009）。广东目前在连山上帅和封开黑石顶有分布，其中黑石顶约有960株（何克军 等，2005），上帅的种群发育颇为良好（陈宗游 等，2016）。可通过种子繁殖和扦插繁殖。

35．格木 *Erythrophleum fordii* Oliv.　　豆科 Fabaceae

濒危等级　国家：II 级；广东：NT

形态特征：乔木。叶互生，二回羽状复叶，无毛；羽片通常 3 对，对生或近对生；小叶互生。由穗状花序排成圆锥花序；总花梗上被铁锈色柔毛；花瓣 5，淡黄绿色。荚果长圆形，扁平，厚革质，有网脉；种子长圆形。花期 5—6 月，果期 8—10 月。

产地：广东东部、中部和南部。模式标本采集地为罗定河附近（*C. Ford s.n.*，K000756954，K000756955，K000756956）。

分布：福建、广西、台湾、浙江。越南。

生境：村边风水林及山地疏林中。

保育现状：格木木材质硬而亮，纹理致密，为国产著名硬木之一，也是一种观赏效果很好的绿化树种。早期调查资料显示，全国有格木 3.3 万株，广东有 4 718 株（国家林业局，2009）。格木多见于村边风水林中，其生境过于接近人类聚集的村庄和城镇，当地人对这些身边受保护物种的情况不甚了解，再加上巡护执法的缺失，致使部分格木林受到灭绝式的砍伐。对于目前仍然保存完好的格木林，应当加强宣教和保护，使其不再受到破坏。一般采用种子繁殖。

36. 山豆根 *Euchresta japonica* Hook. f. ex Regel　　豆科 Fabaceae

濒危等级　国家：II 级；广东：EN

形态特征：藤状灌木。茎上常生不定根。叶仅具小叶 3 枚；小叶厚纸质，椭圆形；侧脉不明显。总状花序，花冠白色，旗瓣瓣片长圆形，翼瓣椭圆形，龙骨瓣上半部粘合，易分离。荚果椭圆形，先端钝圆。

产地：乐昌、仁化。

分布：福建、广西、贵州、湖南、江西、四川、浙江。日本（模式标本采集地）、朝鲜。

生境：山谷或山坡密林中。

保育现状：山豆根具有很高的药用价值，导致其被毁灭性挖采，野生山豆根资源不断减少。目前仅在乐昌见到有野生种群，并且数量较少。种子繁殖或扦插繁殖。

37．野大豆 *Glycine soja* Siebold & Zucc.

豆科 Fabaceae

濒危等级 国家：Ⅱ级；广东：LC

形态特征：缠绕草本，全体疏被褐色长硬毛。叶具小叶3枚，顶生小叶卵圆形或卵状披针形，两面均被绢状的糙伏毛，侧生小叶斜卵状披针形。总状花序，通常短；花梗密生黄色长硬毛；花冠淡红紫色或白色。荚果长圆形，两侧稍扁，密被长硬毛，种子间稍缢缩；种子椭圆形。花期7—8月，果期8—10月。

产地：梅州、乳源、始兴、阳江。

分布：除海南、青海和新疆外，遍布全国其他地区。

生境：田边、沟旁、河岸、湖边、沼泽、沿海和岛屿向阳的矮灌木丛中。

保育现状：野大豆可作为饲料、牧草、绿肥和水土保持植物，种子可供食用和榨油，全草可药用，还具有育种价值。植被和生境的破坏对野大豆的自然分布区造成严重影响。可通过种子繁殖。

38. 短绒野大豆 *Glycine tomentella* Hayata　　豆科 Fabaceae

濒危等级　国家：II 级；广东：VU

形态特征：缠绕或匍匐草本；全株通常密被黄褐色的绒毛。叶具小叶 3 枚；小叶椭圆形或卵圆形，先端钝圆形，上面密被黄褐色绒毛。总状花序被黄褐色绒毛；花冠淡红色、深红色至紫色。荚果扁平而直，开裂，密被黄褐色短柔毛，在种子之间缢缩。花期 7—8 月，果期 9—10 月。

产地：惠来、陆丰。

分布：福建、台湾（模式标本采集地，*T. Soma s.n*，TI）。新几内亚、菲律宾及大洋洲各国。

生境：沿海及附近岛屿干旱坡地、平地或荒坡草地上。

保育现状：短绒野大豆为大豆的近缘种，是重要的育种材料。近年对沿海土地的过度开发利用，破坏了短绒野大豆的生境，致使其种群数量越来越少。可通过种子繁殖进行扩繁和保育。

39. 花榈木 *Ormosia henryi* Prain　　豆科 Fabaceae

濒危等级 国家：II 级；广东：VU

形态特征：常绿乔木；树皮灰绿色。小枝、叶轴、花序密被绒毛。奇数羽状复叶，革质，椭圆形或长圆状椭圆形。圆锥花序顶生或总状花序腋生；密被淡褐色绒毛；花冠中央淡绿色，边缘绿色且微带淡紫色。荚果扁平，长椭圆形；种子椭圆形或卵形。花期 7—8 月，果期 10—11 月。

产地：广州、乐昌、南雄、始兴、五华、英德。

分布：安徽、浙江、江西、湖北（模式标本采集地，*A. Henry 7577*，GH00064473，K000759668，US00090980）、湖南、四川、贵州、云南。泰国、越南。

生境：山坡、溪谷杂木林或风水林内。

保育现状：花榈木木材致密质重，纹理美丽，为珍贵用材树种，又能入药或作为绿化树种。其种子休眠期长且不易发芽，自身繁殖力较差，幼苗的存活率低，再加上生境的破坏，导致花榈木野生种群数量急剧减少。可采用种子繁殖。

40. 任豆 *Zenia insignis* Chun　　豆科 Fabaceae

濒危等级 国家：II 级；广东：VU

形态特征：乔木。芽椭圆状纺锤形，有少数鳞片。小叶薄革质，长圆状披针形，下面有灰白色的糙伏毛。圆锥花序顶生；花红色；萼片厚膜质，长圆形；花瓣稍长于萼片。荚果长圆形或椭圆状长圆形，红棕色。花期 5 月，果期 6—8 月。

产地：封开、蕉岭、怀集、乐昌［铜坑，模式标本采集地，*S. P. Kwok*（*郭素白*）*80690*，IBK00190841，IBK00190843，IBSC0004506，IBSC0004507，IBSC0004508］、连南、连州、罗定、清远、始兴、阳江、阳山。

分布：广西、贵州、湖南、云南。越南。

生境：山地疏林中，多见于石灰岩山地。

保育现状：任豆材用价值高，为珍贵用材树种（国家林业局，2017）。其抗性强，花繁叶茂，是城市园林中优良的观赏植物。任豆根系发达，适宜在土地贫瘠的石灰岩地区生长，为优良的荒山绿化速生树种。由于本种种群和个体数量较大，并且生长迅速，可以作为荒山绿化树种。早期统计数据表明，任豆在全国约有 190.5 万株，种群数量大（国家林业局，2009）。一般可采用种子繁殖、扦插繁殖和组织培养技术繁殖。

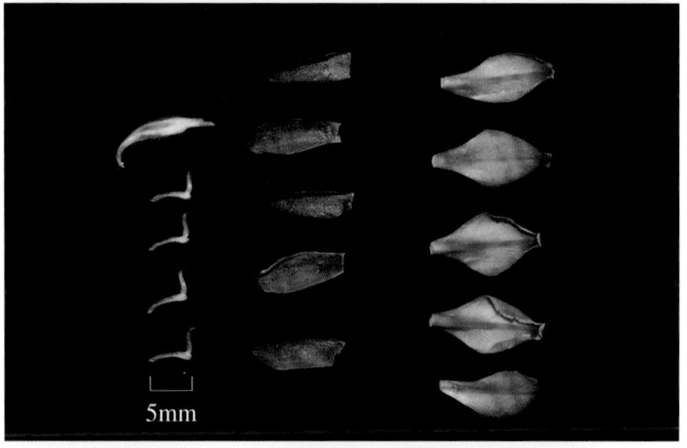

41．大叶榉树 *Zelkova schneideriana* Hand.-Mazz.　　榆科 Ulmaceae

濒危等级 国家：II 级；广东：NT

形态特征：乔木；树皮灰褐色至深灰色，呈不规则的片状剥落。叶厚纸质，大小形状变异很大，卵形至椭圆状披针形，先端渐尖、尾状渐尖或锐尖，基部稍偏斜，圆形、宽楔形或稀浅心形。雄花 1~3 朵簇生于叶腋，雌花或两性花常单生于小枝上部叶腋。核果。花期 4 月，果期 9—11 月。

产地：乐昌、连南、连州、乳源。

分布：安徽、甘肃、江西、广西、贵州、河南、湖北、湖南（模式标本采集地，*H. R. E. Handel-Mazzetti 11720*，WU0039848；*H. R. E. Handel-Mazzetti 6321*，WU0039849）、江苏、陕西、四川、西藏、云南、浙江。中国特有种。

生境：为中等喜光种，喜温暖气候和肥沃湿润土壤，常生于溪间水旁或山坡土层较厚的疏林中。

保育现状：大叶榉树木材致密坚硬，纹理美观，耐腐力强，为良好的材用树种（国家林业局，2017）。其生长速度较快，抗污染能力强，病虫害少。但其种子萌发率低，而且频遭人类砍伐，野生资源日渐稀少，但园林栽培引种日益较多。早期调查数据表明，本种在全国约有 62.3 万株，贵州、湖北和浙江均超过 10 株，而广东仅调查到 8 株（国家林业局，2009），这可能跟生态习性有关，广东南岭一带可能是其分布地的边缘。可通过种子繁殖、嫁接繁殖、扦插繁殖及组织培养技术繁殖等方法进行扩繁。

42. 华南锥 *Castanopsis concinna*（Champ. ex Benth.）A. DC. 壳斗科 Fagaceae

濒危等级 国家：Ⅱ级；广东：VU

形态特征：乔木。叶革质，硬而脆，椭圆形或长圆形。雄穗状花序通常单穗腋生，或为圆锥花序；雌花序长 5~10cm。果序长 4~8cm；壳斗有 1 坚果，壳斗圆球形，刺长 10~20mm，下部合生成刺束，将壳壁完全遮蔽；坚果扁圆锥形。花期 4—5 月，果期翌年 9—10 月。

产地：广宁、广州、连山、平远、台山、阳春、阳江、新会、信宜。

分布：香港（跑马地，模式标本采集地，*J. G. Champion 4957*，K000395373，K000395374）、广西、海南。中国特有种。

生境：红壤丘陵坡地常绿阔叶林中。

保育现状：华南锥材质坚重，纹理直，耐水湿，具有很高的材用价值（国家林业局，2017）。其树形美观，适生性强，可作为荒山绿化或观赏树种。早期调查资料表明，全国共有华南锥 10.94 万株，广东省资源最为丰富，有 10.93 万株（国家林业局，2009）。种子繁殖。

43. 细果野菱 *Trapa incisa* Siebold & Zucc.

千屈菜科 Lythraceae

濒危等级 国家：II 级；广东：CR

形态特征：一年生浮水水生草本。根二型。叶二型；浮水叶互生，聚生于主枝或分枝茎顶端，形成莲座状的菱盘，叶片三角状菱圆形；沉水叶小，早落。花小，单生于叶腋；花瓣 4，白色。果三角形；果喙尖头帽状或细圆锥状。花期 6—7 月，果期 8—9 月。

产地：惠州、肇庆。

分布：安徽、福建、贵州、海南、河北、黑龙江、河南、湖北、湖南、江苏、江西、吉林、辽宁、陕西、四川、台湾、云南、浙江。印度、印度尼西亚、日本（后选模式标本采集地，*P. F. von Siebold s.n.*，M0172773）、朝鲜、老挝、马来西亚，俄罗斯、泰国、越南。

生境：无污染的湖泊或池沼中。

保育现状：细果野菱具有很高的药用价值和食用价值，但是由于其水生环境的破坏，如捞取、水污染、外来种的入侵等，其生境或会荡然无存，或会偏于一隅。本种以前在广东村边池塘和湖泊比较常见，但目前野生种群状况尚不清楚，值得进行详细的野外调查。一般采用种子繁殖。

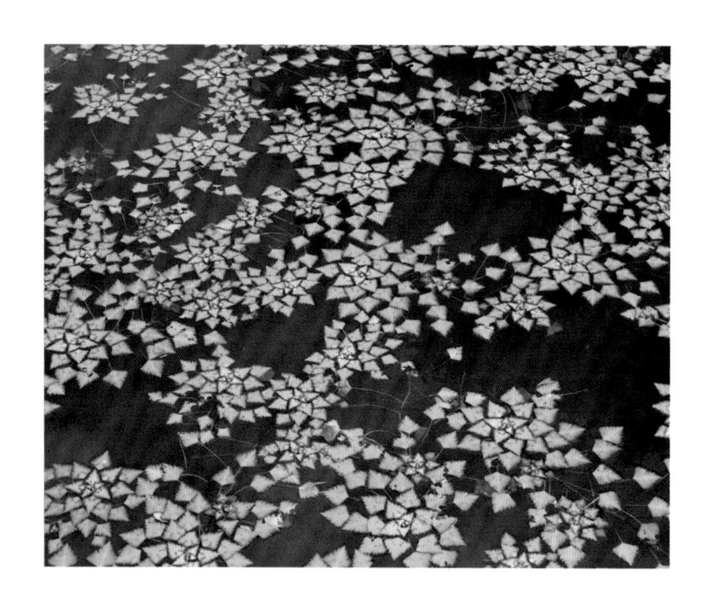

44. 伞花木 *Eurycorymbus cavaleriei*（H. Lévl.）Rehder & Hand.-Mazz. 无患子科 Sapindaceae

濒危等级 国家：II 级；广东：VU

形态特征：落叶乔木。叶轴被皱曲柔毛；小叶 4~10 对，近对生，长圆状披针形或长圆状卵形。花序半球状，主轴和呈伞房状排列的分枝均被短绒毛；花芳香。蒴果，被绒毛；种子黑色。花期 5—6 月，果期 10 月。

产地：大埔、和平、乐昌、连山、连州、平远、始兴、乳源、翁源、阳山、英德。

分布：福建、广西、贵州（贵定县云雾镇，模式标本采集地，*J. Cavalerie 1094*，A00049147，E00279823，K000701337）、湖南、江西、四川、台湾、云南。中国特有种。

生境：阔叶林中。

保育现状：伞花木是第三纪残遗于我国的特有单属植物，对研究植物区系和无患子科的系统发育具有科学价值。伞花木果实可榨油食用，为一木本油料树种。此外，伞花木涵养水源效果好，也是一个绿化石灰岩山地的优良速生树种。由于采挖严重及伞花木分布地森林遭到严重破坏，伞花木资源急剧减少。可采用种子繁殖。

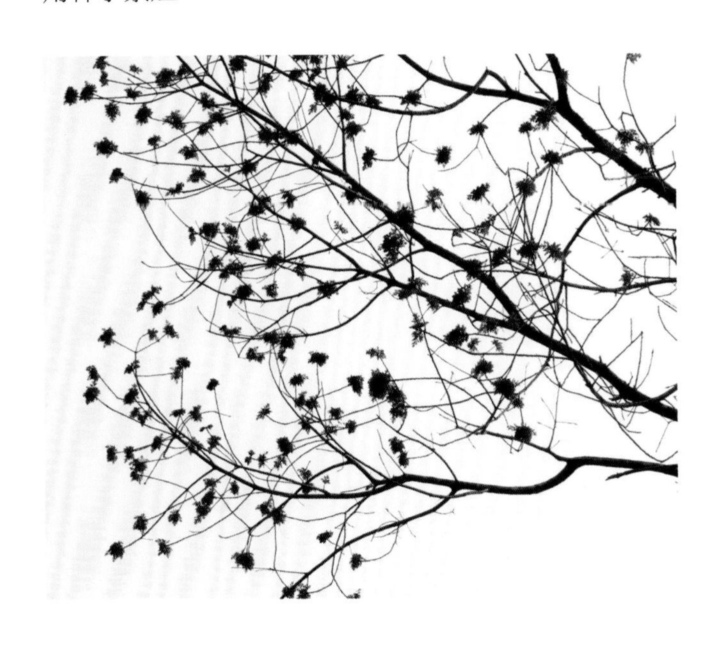

45. 红椿 *Toona ciliata* M. Roem

楝科 Meliaceae

濒危等级 国家：II 级；广东：VU

形态特征：乔木。小枝有稀疏的苍白色皮孔。叶为偶数或奇数羽状复叶，通常有小叶 7~8 对；小叶对生或近对生，长圆状卵形或披针形，先端尾状渐尖，叶片基部不等边，边全缘。圆锥花序顶生；花瓣白色，长圆形。蒴果长椭圆形，木质；种子两端具翅。花期 4—6 月，果期 10—12 月。

产地：博罗、乐昌、曲江、乳源、信宜、阳春、云浮、肇庆、珠海。

分布：安徽、福建、广西、贵州、海南、江西、湖北、湖南、四川、云南。东南亚至南亚、太平洋地区、大洋洲。

生境：低海拔沟谷林中或山坡疏林中。

保育现状：红椿木材纹理通直，耐腐，为良好的材用树种。其种子成苗率低，幼苗期生长缓慢，近交衰退严重。由于木材价值高，常遭到砍伐。早期调查数据表明，本种在全国共有 232.1 万株，广东约有 2.6 万株（国家林业局，2009）。一般采用种子繁殖。

46．丹霞梧桐 *Firmiana danxiaensis* H. H. Hsue & H. S. Kiu　　锦葵科 Malvaceae

濒危等级 国家：Ⅱ级；广东：VU

形态特征：乔木。小枝无毛。叶片近圆形，薄革质，无毛，基生脉7条，基部心形，边缘全缘或在先端3裂。花序圆锥状，多花，密被黄色被星状绒毛。花萼紫色，近基部分裂，背面密被黄色柔毛。种子黄棕色，球状。花期3—5月，果期5—7月。

产地：南雄、仁化（丹霞山，模式标本采集地，*黄智明* 7416，CANT）。广东特有种。

生境：丹霞地貌的石壁上。

保育现状：极小种群植物。丹霞梧桐树形、花色、果形都独具特色，其抗逆性较强，耐干旱和贫瘠，是较好的庭院观赏树种和造林先锋树种。其分布区狭窄，容易受到环境变迁的影响。一般采用种子繁殖。

47. 土沉香 *Aquilaria sinensis*（Lour.）Spreng.

瑞香科 Thymelaeaceae

濒危等级 国家：II 级；广东：VU

形态特征：乔木。叶革质，圆形、椭圆形至长圆形，侧脉纤细，近平行。花芳香，黄绿色，多朵，组成伞形花序。蒴果果梗短，卵球形，顶端具短尖头，密被黄色短柔毛；种子褐色，卵球形，疏被柔毛，基部具有附属体。花期春夏季，果期夏秋季。

产地：博罗、东莞、广州（模式标本采集地，*J. de Loureiro s.n.*，P00150894）、惠东、深圳、新丰、新会、阳春、阳江、中山、肇庆、珠海。

分布：澳门、福建、广西、海南、香港、台湾。中国特有种。

生境：喜生于低海拔的山地、丘陵及路边阳处疏林中，常存在于次生林或风水林中。

保育现状：土沉香为一珍贵树种（国家林业局，2017）。因其老茎受伤后所结的沉香可作为香料原料和药用而被人们掠夺性地砍伐，再加上其生境不断被破坏，导致土沉香野生资源不断减少。在广东，该种在次生林中常见，但多为幼树；老树常见于风水林中，人为盗伐严重。早期调查数据显示，广东有土沉香 12.5 万株（国家林业局，2009）。目前已经开展了大量的人工育苗、种植、造林、结香等研究工作，野生种群得到了较好的保护。可通过种子繁殖、扦插繁殖、嫁接繁殖及组织培养技术繁殖。

48. 伯乐树 *Bretschneidera sinensis* Hemsl.　　叠珠树科 Akaniaceae

濒危等级　国家：I 级；广东：NT

形态特征：乔木；树皮灰褐色。羽状复叶，小叶 7~15 片，狭椭圆形，全缘；叶脉在叶背明显。总花梗、花梗、花萼外面有棕色短绒毛；花淡红色；花萼顶端具短的 5 齿，花瓣阔匙形或倒卵楔形。果椭圆球形、近球形或阔卵形；种子椭圆球形，平滑。花期 3—9 月，果期 5 月至翌年 4 月。

产地：封开、广州、怀集、连南、连州、龙门、曲江、乳源、始兴、阳山、新兴、信宜、肇庆。

分布：重庆、福建、广西、贵州、湖北、湖南、江西、四川、台湾、云南（蒙自，模式标本采集地，*A. Henry 10540*，A00050654，K000681001，US00095084；思茅，模式标本采集地，*A. Henry 11651*，A00050653，K000681002，K000681003）、浙江。越南。

生境：低中海拔的山地林中。

保育现状：伯乐树起源古老，系统位置特殊，对研究被子植物的系统发育和古地理、古气候等有重要科学价值。其园林观赏性强，木材硬度适中，色纹美观，也是优良的工艺和家具用材。伯乐树野生种群结实率低，天然更新比较困难，需要加大对伯乐树的引种和繁殖栽培的研究，同时进行就地保护（张莎 等，2016）。早期统计数据显示，在广东省伯乐树原有分布的 22 个县（市）中只有 8 个分布点有生长。由于其种群和个体数量减少较快，近年来已经陆续开展了伯乐树的种群恢复研究工作。种子繁殖。

49. 金荞麦 *Fagopyrum dibotrys*（D. Don）Hara

蓼科 Polygonaceae

濒危等级 国家：II 级；广东：LC

形态特征：多年生直立草本。叶三角形，长基部近戟形，两面具乳头状突起或被柔毛；托叶鞘筒状，顶端截形。花序伞房状，顶生或腋生；花被片白色，长椭圆形，雄蕊 8，比花被短，花柱 3，柱头头状。瘦果宽卵形，黑褐色，超出宿存花被 2~3 倍。花期 7—9 月，果期 8—10 月。

产地：怀集、乐昌、连平、连山、连州、清远、乳源、三水、深圳、始兴、新丰。

分布：安徽、福建、甘肃、广西、贵州、河南、江苏、江西、湖北、陕西、四川、西藏、云南、浙江。不丹、印度、克什米尔、缅甸、尼泊尔（模式标本采集地，*Buchanan-Hamilton s.n.*，BM）、越南。

生境：山谷湿地、山坡灌丛。

保育现状：金荞麦是重要粮食作物的野生基因库，块根具有很好的药用价值。金荞麦资源虽然分布较广，但由于缺乏相应的资源保护，其野生天然植物资源已急剧减少。金荞麦目前可采用种子繁殖或扦插繁殖，也可用压条、芽孢和根茎繁殖。

50. 喜树 *Camptotheca acuminata* Decne. 蓝果树科 Nyssaceae

濒危等级 国家：II 级；广东：LC

形态特征：落叶乔木。叶互生，纸质，长圆状卵形或矩圆状椭圆形。头状花序近球形，常由 2~9 个头状花序组成圆锥花序，顶生或腋生，通常上部为雌花序，下部为雄花序。花瓣 5 枚。翅果长圆形，着生成近球形的头状果序。花期 5—7 月，果期 9 月。

产地：广东北部、东部、西部和中部地区。

分布：福建、广西、贵州、海南、湖北、江苏、江西、四川（宝兴县穆坪镇，模式标本采集地）、云南、浙江。中国特有种。

生境：林边或溪边。

保育现状：极小种群植物。喜树含有的喜树碱具有很高的药用价值，导致其野生资源不断被破坏，种群数量下降。但目前喜树人工栽培较多，常用于行道树或观赏树种。喜树可采用种子繁殖或扦插繁殖。

51. 紫荆木 *Madhuca pasquieri*（Dubard）H. J. Lam 山榄科 Sapotaceae

濒危等级 国家：II 级；广东：NT

形态特征：乔木；树皮灰黑色，具乳汁。叶互生，星散或密聚于分枝顶端，革质，倒卵形或倒卵状长圆形，边缘外卷。花数朵簇生叶腋；花冠黄绿色。果椭球形或球形，基部具宿萼，先端具宿存、花后延长的花柱，果皮肥厚；种子椭球形。花期 7—9 月，果期 10 月至翌年 1 月。

产地：封开、广宁、平远、阳春、湛江、肇庆。

分布：广西。越南（Than-hoa，Cay-Sen，模式标本采集地，*Pasquier s.n*，P00640408，P00640409，P00640410）。

生境：混交林中或山地林缘。

保育现状：紫荆木具有较高的材用价值，故此常被砍伐，早期的数据显示广东省有该种 1 578 株（国家林业局，2009）。国家林业局（2017）将其列为珍贵栽培树种。可以种子繁殖或扦插繁殖。

52. 绣球茜 *Dunnia sinensis* Tutcher

茜草科 Rubiaceae

濒危等级 国家：Ⅱ级；广东：NT

形态特征：灌木。叶纸质或革质，披针形或倒披针形，基部渐狭，常下延，边缘常反卷；侧脉密。花序有疏短柔毛；花萼有疏短柔毛，裂片短；变态的花萼裂片白色，大，卵形或椭圆形；花冠黄色。蒴果近球形；种子多数，扁，周围有膜质的阔翅。花、果期4—11月。

产地：广州、龙门、台山、新会、阳春、珠海。模式标本采集地为广东 Sanning（*S. T. Dunn*，*Herb. Hongkong 910*，K）（Ridsdale，1978）。广东特有种。

生境：山谷溪边灌丛、山坡或石壁上。

保育现状：绣球茜为中国特有种、茜草科单种属植物，具有很高的科研价值。生境的干扰是造成绣球茜野生数量日益减少的主要原因。广东台山地区绣球茜种群较多，并且大多生长在次生林下，干扰较小，种群生长状况良好。

53. 香果树 *Emmenopterys henryi* Oliv. 茜草科 Rubiaceae

濒危等级 国家：Ⅱ级；广东：DD

形态特征：落叶乔木。叶纸质或革质，阔椭圆形、阔卵形或卵状椭圆形。圆锥状聚伞花序顶生；花芳香；萼管裂片近圆形，具缘毛，脱落，变态的叶状萼裂片白色、淡红色或淡黄色；花冠漏斗形，白色或黄色，被黄白色绒毛。蒴果长圆状卵形或近纺锤形；种子多数，小而有阔翅。花期6—8月，果期8—11月。

产地：乐昌、连州。

分布：安徽、福建、甘肃、广西、贵州、河南、湖北（巴塘地区，模式标本采集地，*A. Henry 4857*，K000760093，K000760094，NY00131301；*A. Henry 4999*，K000760092，US01101078，*A. Henry 5196*，K000760095）、湖南、江苏、江西、山西、四川、云南、浙江。中国特有种。

生境：山谷林中，喜湿润而肥沃的土壤。

保育现状：香果树树干高耸，花美丽，可作庭园观赏树；木材纹理直，结构细，可材用。大面积森林砍伐及人为破坏造成适宜其生长的生境缩小是本种致濒危的主要原因。香果树在我国分布较广，但在广东省仅采到两份标本且野外采集信息不完整，早期调查数据也显示广东有该种20株（国家林业局，2009）。国家林业局（2017）将其收录为珍贵材用树种。

54. 驼峰藤 *Merrillanthus hainanensis* Chun & Tsiang　　萝藦科 Asclepiadaceae

濒危等级 国家：Ⅱ级；广东：EN

形态特征：木质藤本。叶膜质，卵圆形。聚伞花序腋生；花蕾圆球状，花冠裂片的顶端向内粘合；花萼裂片卵圆形；花冠黄色，辐状或近辐状；副花冠5裂，肉质，着生于合蕊冠上。蓇葖单生，纺锤状；种子卵圆形或近圆形，基部圆形，顶端具白色绢质种毛。花期3—4月，果期5—6月。

产地：肇庆、中山。

分布：海南（白沙县，模式标本采集地，*刘心启 26386*，A00076508，IBSC0005722，IBSC0005723）。柬埔寨。

生境：低海拔至中海拔山地林谷中。

保育现状：驼峰藤具有观赏和药用价值。人为砍伐及生境的破坏，使驼峰藤野外种群数量逐渐减少。在自然条件下采用种子繁殖。

55. 报春苣苔 *Primulina tabacum* Hance　　苦苣苔科 Gesneriaceae

濒危等级 国家：I 级；广东：EN

形态特征：多年生草本。叶均基生，具长或短柄；叶片圆卵形或正三角形，基部浅心形，两面均被短柔毛。聚伞花序伞状。花冠紫色，外面和内面均被短柔毛；檐部平展，不明显二唇形。蒴果长椭圆球形；种子暗紫色，狭椭圆球形。花期 8—10 月。

产地：乐昌、连州（模式标本采集地，*B. C. Henry*，*Herb. H. F. Hance 22094*，BM000041731）、清远、阳山。

分布：广西、湖南、江西。中国特有种。

生境：海拔约 300m 的石灰岩山洞口或山地沟谷疏林石上。

保育现状：极小种群植物。其自身对环境适应能力差和生境的破坏是其濒危的主要原因。调查数据显示，仅连州市石灰岩灌丛就有 2 392 株，但存在频繁的人为干扰（何克军 等，2005）。可通过种子繁殖或扦插繁殖。中国科学院华南植物园已经开展了报春苣苔的野外回归试验，实现了对报春苣苔野生资源的保护。

56. 苦梓 *Gmelina hainanensis* Oliv.

唇形科 Lamiaceae

濒危等级 国家：II 级；广东：LC

形态特征：乔木，高约 15m；树干直，树皮灰褐色，呈片状脱落；枝条有明显的叶痕和皮孔。叶对生，卵形或宽卵形，全缘，基生脉三出。聚伞花序排成顶生圆锥花序；花萼钟状，呈二唇形，顶端 5 裂；花冠漏斗状，黄色或淡紫红色，呈二唇形，下唇 3 裂，中裂片较长，上唇 2 裂；二强雄蕊，长雄蕊和花柱稍伸出花冠管外，花丝扁。核果倒卵形，顶端截平，肉质。花期 5—6 月，果期 6—9 月。

产地：广州、乳源、阳春、阳江。

分布：广西、海南（模式标本采集地，*B. C. Henry s.n.*）、江西。越南。

生境：山坡疏林中。

保育现状：苦梓木材结构细致，材质韧而稍硬，耐腐，国家林业局（2017）已将其列入珍贵材用树种。人为的乱砍滥伐及生境的破坏，导致苦梓野外资源逐渐减少。一般采用种子繁殖。

57. 珊瑚菜 *Glehnia littoralis* F. Schmidt ex Miq.　　伞形科 Apiaceae

濒危等级　国家：Ⅱ级；广东：CR

形态特征：多年生草本，全株被白色柔毛。根细长，圆柱形或纺锤形，表面黄白色。叶多数基生，厚质，有长柄；叶片轮廓呈圆卵形至长圆状卵形，边缘有缺刻状锯齿。复伞形花序顶生；花瓣白色或带堇色。果实近圆球形或倒卵形，密被长柔毛及绒毛，果棱有木栓质翅。花果期6—8月。

产地：惠来、深圳、吴川、陆丰。

分布：福建、海南、河北、江苏、辽宁、山东、台湾。日本（Hakodate，模式标本采集地，*C. J. Maximowicz s.n.*，GH00076399，K000681349）、朝鲜、俄罗斯。

生境：海边沙滩沙质土壤。

保育现状：珊瑚菜既有食用价值，又有一定的药用价值。珊瑚菜一般种群小，生境较狭窄，种子萌发也较困难，再加上人为采挖和生境的破坏，其野生种群迅速减少。2018年台风“山竹”将深圳大鹏半岛的珊瑚菜全部覆于厚厚的沙下，可能造成了灭绝。一般采用种子繁殖，也可以进行组织培养技术繁殖。

二、广东省重点保护野生植物

1. 中华双扇蕨 *Dipteris chinensis* Christ　　双扇蕨科 Dipteridaceae

濒危等级 环境保护部和中国科学院（2013）：EN；覃海宁等（2017）：EN；广东：VU；湖南省重点保护野生植物

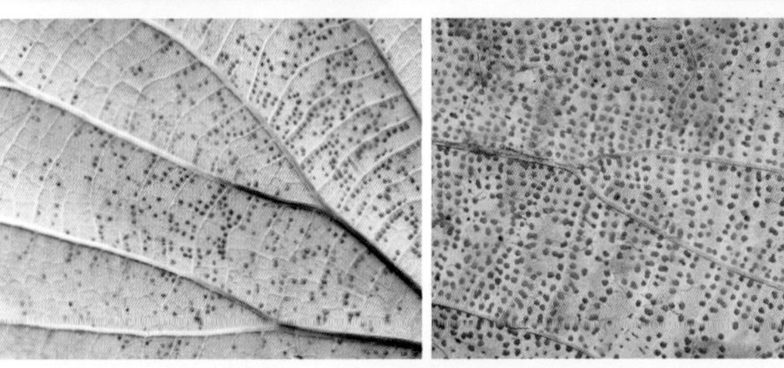

形态特征：大型蕨类。植株根状茎长而横走。叶柄长；叶片纸质，中部分裂成两部分相等的扇形，每扇又再深裂为 4~5 部分，顶部再度浅裂，边缘有粗锯齿。主脉多回二歧分叉，小脉网状，网眼内有单一或分叉的内藏小脉。孢子囊群小，近圆形，散生于网脉交结点上，被浅杯状的隔丝覆盖。

产地：罗定、深圳、阳春、阳山。

分布：重庆、贵州（贵定县云雾镇，模式标本采集地，*P. J. Cavalerie 341*，E00385968，E00385969，K000492815，K000492816，NY00127593，P00633227，P00633228，S-P-3767）、广西、湖南、香港、云南。缅甸、越南。

生境：山地干燥阴凉坡地。

保育现状：双扇蕨科植物被视为三叠纪—侏罗纪全球广泛分布的真蕨植物类型之一，有重要的科研价值。其株形美观，也具有很好的观赏价值。本种在我国分布广泛，但在广东境内种群比较少。孢子繁殖。

2. 长苞铁杉 *Nothotsuga longibracteata*（W. C. Cheng）H. H. Hu ex C. N. Page　　松科 Pinaceae

濒危等级 IUCN：NT；环境保护部和中国科学院（2013）：VU；覃海宁等（2017）：VU；广东：VU；杨永等（2017）：EN；广西、湖南、江西重点保护野生植物

形态特征：乔木。叶辐射伸展，条形。球果直立，圆柱形；种子三角状扁卵圆形，种翅较种子长，先端宽圆，近基部的外侧微增宽。花期 3 月下旬至 4 月中旬，球果 10 月成熟。

产地：乐昌、连州、乳源、阳山。

分布：福建、广西、贵州［印江，梵净山，模式标本采集地，*Y. Tsiang*（*蒋英*）*7712*，E00215871，K000288277，S-C-4796］、湖南。中国特有种。

生境：喜气候温暖、湿润环境。在广东南岭自然保护区常与华南五针松、南方铁杉、福建柏及常绿阔叶树组成针阔叶树混交林。

保育现状：长苞铁杉为古老孑遗的“活化石”植物和中国珍贵树种，对研究古生态、古气候具有重要意义。长苞铁杉还是珍贵的用材和造林树种。长苞铁杉是一种喜光植物，无论在哪一类群落中它都处在群落的最上层，因此，在林冠下无法与生长迅速的耐阴阔叶树种竞争，即便在迹地，也由于早期生长缓慢而被林中灌木或杂草所淘汰；长苞铁杉结实有大小年之别，种子发芽率低；尽管长苞铁杉的种子具翅，但其种子的传播范围小（林金星 等，1995）。另外，近年由于开山造路、开矿采石、乱砍滥伐等人为因素使其数量日益减少。主要进行种子繁殖。

3. 穗花杉 *Amentotaxus argotaenia*（Hance）Pilg. 红豆杉科 Taxaceae

濒危等级 IUCN：NT；环境保护部和中国科学院（2013）：VU；覃海宁等（2017）：VU；广东：VU；杨永等（2017）：VU；湖南、广西、浙江、江西重点保护野生植物；香港《林务规例》附表种类

形态特征：小乔木。叶基部扭转列成两列，条状披针形，直或微弯镰状，先端尖或钝，基部渐窄，楔形或宽楔形，有极短的叶柄，边缘微向下曲，下面白色气孔带与绿色边带等宽或较窄。种子椭圆形，成熟时假种皮鲜红色，顶端有小尖头露出。花期4月，种子10月成熟。

产地：广东北部、中部和西部。模式标本采自博罗罗浮山（*E. Faber in Herb. H. F. Hance 22121*，BM000959891）。

分布：甘肃、广西、贵州、江苏、江西、湖北、湖南、四川、台湾、西藏、浙江。越南。

生境：耐阴喜湿，多生长山坡林中。

保育现状：穗花杉为我国特有树种，是古老孑遗种，材用、观赏价值较高。其生长缓慢，对生境要求严格，竞争力弱，生殖发育期长，结种量少，种子易受动物啃食，散布能力弱，所以一般零散生长。人类对森林的破坏是导致穗花杉濒危的主要因素。主要依靠种子繁殖。

4．宽叶粗榧 *Cephalotaxus latifolia* W. C. Cheng & L. K. Fu ex L. K. Fu & R. R. Mill

红豆杉科 Taxaceae

濒危等级 IUCN：NT；环境保护部和中国科学院（2013）：CR；覃海宁等（2017）：CR；广东：CR；杨永等（2017）：NT；广西壮族自治区重点保护野生植物

形态特征：小乔木。叶条形，较宽厚，先端常急尖，叶干后边缘向下反曲，几无柄，中脉明显，下面有两条白色气孔带。雄球花聚生成头状，雄蕊花丝短。种子卵圆形、椭圆状卵形或近球形，顶端中央有小尖头。花期3—4月，种子8—10月成熟。

产地：乳源、信宜。

分布：福建、广西、贵州、湖北、江西、四川（南川金佛山凤凰寺附近，模式标本采集地，*陈心启，郎楷永 2463*，PE00934506）。

生境：山坡林中。

保育现状：我国特有树种，其木材坚实，可作农具及工艺等用；叶、枝、种子、根可提取多种植物碱，对治疗白血病及淋巴肉瘤等有一定疗效；也可作庭院树种。目前，人们对野生宽叶粗榧挖取严重，亟须对生长地进行保护。种子繁殖。

5．海南粗榧 *Cephalotaxus mannii* Hook. f.　　红豆杉科 Taxaceae

濒危等级 IUCN：VU；环境保护部和中国科学院（2013）：EN；广东：EN；杨永等（2017）：EN；广西壮族自治区重点保护野生植物

形态特征：乔木。叶条形，排成两列，通常质地较薄，向上微弯或直，基部圆截形，稀圆形，先端微急尖、急尖或近渐尖，干后边缘向下反曲，上面中脉隆起，下面有 2 条白色气孔带。种子通常微扁，倒卵状椭圆形或倒卵圆形，顶端有突起的小尖头，成熟前假种皮绿色，熟后常呈红色。

产地：信宜。

分布：广西、海南、西藏、云南。印度（Kahsia and Jynteah Hills，模式标本采集地，*G. Mann s.n.*，A00003307，E00112582，GH00003308，K000287675，P00731282，PH00004039）、老挝、缅甸、泰国、越南。

生境：零散生长在山地沟谷或沟谷两岸的山坡上。海南粗榧喜暖热湿润气候，耐阴性较强，属嗜湿暖半阴生类群，幼苗及小树耐阴嗜湿性更强，只有在茂密的林下才能正常生长。

保育现状：海南粗榧木材坚实，纹理细密，国家林业局（2017）将其列为珍贵栽培树种。另外，海南粗榧是残遗种，母树结实少，种子不易发芽。此外，松鼠、果子狸等都喜欢食其果实，再加此生境破坏及人为挖取，其野生种群受到严重威胁。早期调查数据显示，全国约有 14.2 万株海南粗榧，主要分布在海南，广东仅调查到 11 株（国家林业局，2009）。

6. 广东含笑 *Michelia guangdongensis* Y. H. Yan，Q. W. Zeng & F. W. Xing　　木兰科 Magnoliacea

濒危等级 环境保护部和中国科学院（2013）：EN；覃海宁等（2017）：CR；李西贝阳（2017）：CR；广东：EN

形态特征：小乔木；树皮灰褐色，芽、嫩枝密被红褐色平伏短柔毛。单叶互生，倒卵状椭圆形或倒卵形。嫩叶上面疏被红褐色短柔毛，下面密被红褐色平伏长柔毛；老叶上面深绿色，光滑无毛，下面稠密长柔毛的色泽尤浓。花单生于叶腋，芳香，具苞片1枚。花被片9~12，白色，倒卵状椭圆形。花期3月。

产地：乳源、英德（船底顶，模式标本采集地，*严岳鸿 922*，IBSC）。广东特有种。

生境：海拔1 250~1 400m的山顶草地、灌丛和苔藓林中（Yan *et al.*，2004）。阳性，喜温暖、湿润气候，耐寒。略耐旱瘠，在疏松肥沃、湿润而排水良好的酸性至微酸性土壤中生长良好。

保育现状：金色的叶片和优美的树形使其较具观赏价值。仅见于乳源和英德交界处的大峡谷保护区，目前发现在3个分布点的所有植株生长良好，但其分布区狭窄，生境脆弱，且未发现幼苗，种群自然更新不良，结构不健康（李西贝阳 等，2017）。可收集种子进行繁殖。

7. **观光木** *Michelia odora*（Chun）Nooteboom & B. L. Chen　　**木兰科** Magnoliaceae

濒危等级　环境保护部和中国科学院（2013）：VU；覃海宁等（2017）：VU；广东：NT；广西、江西重点保护野生植物

形态特征：常绿乔木。叶片倒卵状椭圆形，顶端急尖或钝，基部楔形；叶柄基部膨大，托叶痕达叶柄中部。花被片象牙黄色，有红色小斑点，狭倒卵状椭圆形，外轮的最大。聚合果长椭圆体形；种子椭圆体形或三角状倒卵圆形。花期 3 月，果期 10—12 月。

产地：鼎湖、乐昌（大洞，模式标本采集地，*高锡朋 51928*，IBSC0003276）、广州、乐昌、连山、龙门、茂名、南雄、曲江、仁化、乳源、信宜、阳春、英德。

分布：福建、广西、海南、湖南、江西、云南。越南。

生境：观光木多零星分布于山地常绿阔叶林中或林缘，或者散生于山区的村庄及房前屋后，以生长在肥沃、湿润、疏松、深厚土壤上的最好。

保育现状：观光木为中生代白垩纪的孑遗植物，被国家列为珍稀濒危植物和极小种群植物，具有重要的研究意义。观光木树形高大，国家林业局（2017）将其列为珍贵材用树种。野生观光木虽然种群小，但是遗传变异度并不低，遗传多样性不是其濒危的原因，而外在人为或者自然环境的破坏、种子的自然繁育能力低才是主要原因（肖荣高 等，2017）。早期调查数据表明，本种在广东有 3 108 株，约占全国个体总数的 47.5%（国家林业局，2009）。繁殖方式主要有种子繁育和扦插繁殖。

8．乐东拟单性木兰 *Parakmeria lotungensis*（Chun & C. H. Tsoong）Y. W. Law　木兰科 Magnoliaceae

濒危等级　环境保护部和中国科学院（2013）：NT；覃海宁等（2017）：VU；广东：VU；湖南、广西、浙江、江西重点保护野生植物

形态特征：常绿乔木。叶革质，狭倒卵状椭圆形、倒卵状椭圆形或狭椭圆形。花杂性，雄花两性花异株。聚合果卵状长圆形体或椭圆状卵圆形；种子椭圆形或椭圆状卵圆形。花期 4—5 月，果期 8—9 月。

产地：乐昌、连山、乳源、阳春。

分布：福建、广西、贵州、海南（乐东县五指山，模式标本采集地，*陈焕镛，左景烈 50122*，IBSC）、湖南、江西、浙江。

生境：一般生于肥沃的阔叶林中，适生于中亚热带地区，一般见于地势起伏较大的深山密林中。

保育现状：乐东拟单性木兰是研究被子植物起源、系统发育的宝贵材料，也是重要的用材和观赏资源。生境破碎化与乐东拟单性木兰本身的生物学和生态学特性是影响种群更新的重要因素，而人为破坏是造成乐东拟单性木兰种群急剧缩减的直接和主要原因（陈红锋 等，2011）。繁殖方式有种子繁殖、扦插繁殖及组织培养技术繁殖。

9．沉水樟 *Cinnamomum micranthum*（Hayata）Hayata　　樟科 Lauraceae

濒危等级 环境保护部和中国科学院（2013）：VU；覃海宁等（2017）：VU；广东：VU；湖南、广西、浙江、江西重点保护野生植物

形态特征：乔木。叶互生，长圆形、椭圆形或卵状椭圆形，羽状脉。圆锥花序顶生及腋生。花白色或紫红色。果椭圆形，鲜时淡绿色；果托壶形。花期7—10月，果期10—11月。

产地：广东北部、中部和西部。

分布：福建、广西、贵州、海南、江西、台湾（台北，模式标本采集地，*R. Kanahira 10139*，TI02537）。越南。

生境：沉水樟属偏喜光树种，幼林较耐阴，喜暖湿润气候和湿度大、肥力高的生境，适生于土层深厚的酸性红壤，多分布于阴坡及避风的沟谷、坡面。

保育现状：沉水樟是珍贵的阔叶树种，是我国樟科植物中含油量最高的速生经济树种，也是水源涵养和园林绿化的优良树种（国家林业局，2017）。其种子在漫长的生殖发育过程中易受环境因素影响，病虫危害严重，存在严重的空心现象，影响了沉水樟种群的天然更新，是导致沉水樟种群濒危的主要原因（陈远征 等，2006）。同时人为破坏和对现代生境不适应也是影响沉水樟种群濒危的原因。广东省沉水樟野生种群极为少见，其野生资源状况值得进一步调查。

10．兰花蕉 *Orchidantha chinensis* T. L. Wu　　　　兰花蕉科 Lowiaceae

濒危等级 IUCN：EN；环境保护部和中国科学院（2013）：VU；覃海宁等（2017）：VU；广东：VU

形态特征：多年生草本，根茎横生。叶2列，叶片椭圆状披针形。花自根茎生出，单生，苞片长圆形。花紫色，萼片长圆状披针形，唇瓣线形，先端渐尖，具小尖头，中部稍收缩；侧生的2枚花瓣长圆形，先端有长芒。花期3月。

产地：信宜（阴坑花楼山，模式标本采集地，*黄志 31782*，IBSC0000022）、阳春。广东特有种。

生境：阴凉的林下。

保育现状：兰花蕉为华南地区特有种类群，对探讨我国植物区系的发生、发展具有重要意义，在姜目植物系统演化中具有不可替代的位置。另外，兰花蕉也具有较高的观赏价值。目前，在广东境内兰花蕉个体数量日趋减少，主要是由于其自然结实率低、成熟种子很少及人为因素导致的生境破坏，原来记载有兰花蕉生长的许多分布点已经找不到其野生种群。主要通过根状茎进行营养繁殖。

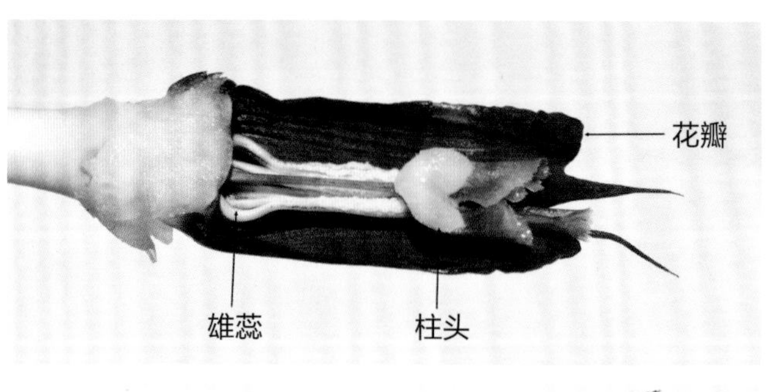

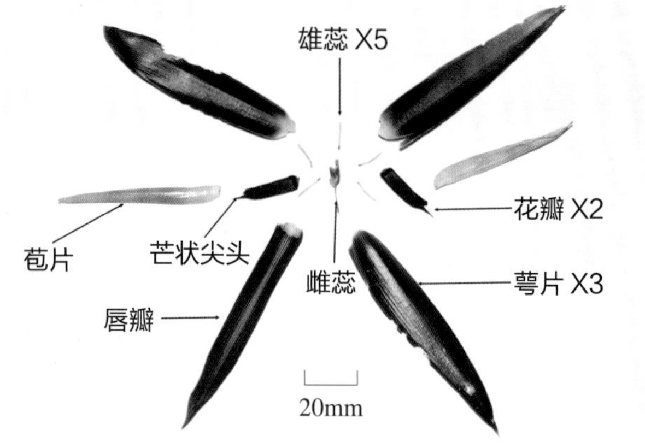

11. 短萼黄连 *Coptis chinensis* Franch. var. *brevisepala* W. T. Wang & P. G. Xiao 毛茛科 Ranunculaceae

濒危等级 环境保护部和中国科学院（2013）：VU；覃海宁等（2017）：VU；广东：VU；广西、浙江、江西重点保护野生植物

形态特征：叶片稍带革质，卵状三角形三全裂，中央全裂片卵状菱形，顶端急尖，3 或 5 对羽状深裂，在下面分裂最深。花葶 1~2 条，二歧或多歧聚伞花序有 3~8 朵花；萼片黄绿色；花瓣线形或线状披针形。蓇葖果；种子长椭圆形，褐色。花期 2—3 月，果期 4—6 月。

产地：广东北部、东部和中部。

分布：安徽、广西（全州县炎井附近，模式标本采集地，*广西药用植物调查队 1358*，PE00026929）、湖南、江西、福建、浙江。中国特有种。

生境：山地沟边林下或山谷阴凉湿润处。

保育现状：短萼黄连具有很强的药用价值，其自身对生境条件要求严格、种群年龄结构的不合理、小种群间基因流受阻和遗传漂变的增加，造成种群的生态适应能力差。早期调查数据显示，全国本种约有 267.96 万株，广东省有 2 415 株（国家林业局，2009）。人类直接对成年植株的采挖和对生境的破坏致使该种在野外已经极难见到（张莉 等，2005）。种子繁殖。

12. 见血封喉 *Antiaris toxicaria* Lesch.

桑科 Moraceae

濒危等级 环境保护部和中国科学院（2013）：NT；广东：NT；广西壮族自治区重点保护野生植物

形态特征：乔木。叶椭圆形至倒卵形，幼时被浓密的长粗毛，边缘具锯齿，成长之叶长椭圆形，先端渐尖，基部圆形至浅心形，两侧不对称。雄花序托盘状；雌花单生，无花被。核果梨形，鲜红色至紫红色。花期 3—4 月，果期 5—6 月。

产地：电白、高州、徐闻、阳春、阳江。

分布：广西、海南、云南。印度、印度尼西亚、马来西亚、缅甸、斯里兰卡、泰国、越南。

生境：见血封喉是热带雨林的重要树种，生长于热量丰富、常夏无冬、寒潮影响微弱、空气湿度大的山地或风水林中。

保育现状：见血封喉具有很好的科研与科普教育、药用、观赏等价值，还是划分热带与亚热带分界线的标志性物种。见血封喉在广东多见于风水林中，并大多受到乡规民俗的保护。主要进行种子繁殖。

13．走马胎 *Ardisia kteniophylla* Aug. DC.　　报春花科 Primulaceae

濒危等级　环境保护部和中国科学院（2013）：LC；广东：VU

形态特征：灌木。叶通常簇生于茎顶端，椭圆形至倒卵状披针形。由多个亚伞形花序组成的大型金字塔状或总状圆锥花序；花瓣白色或粉红色，卵形。果球形，红色，无毛。花期5—6月，果期9—10月。

产地：广东大部分地区。

分布：华南、西南。东南亚各国及越南（Ninh Thai，模式标本采集地，*H. F. Bon 3158*，P00500891，P00500892）。

生境：山地疏林或密林下，以及沟谷阴湿的地方，性喜温暖湿润环境，喜酸性疏松土壤。

保育现状：著名药用植物，人为过度挖取导致野生资源急剧下降，在广东省野外已经极少见到，中国科学院华南植物园已经开展了该种的迁地保育研究。主要以种子繁殖或扦插繁殖。

14. 圆籽荷 *Apterosperma oblata* Hung T. Chang　　山茶科 Theacea

濒危等级 环境保护部和中国科学院（2013）：VU；覃海宁等（2017）：VU；广东：NT；广西壮族自治区重点保护野生植物

形态特征：灌木至小乔木。叶聚生于枝顶，狭椭圆形或长圆形。花浅黄色，顶生或腋生，有花5~9朵，排成总状花序。蒴果扁球形；种子褐色，无翅。花期5—6月，果期7—9月。

产地：恩平、信宜、阳春（八甲，河尾山，模式标本采集地，*中国科学院华南植物研究所地植物组湛江调查队 3220*，IBSC0003458，IBSC0003459）。

分布：广西。

生境：为喜光植物，喜生于富含腐殖质的赤红壤土。

保育现状：圆籽荷是我国特有的茶科单种属植物。其具有高度的脆弱性，成苗存在困难。另外，传粉昆虫的减少或不利的天气常导致其结实率不高。繁殖方式主要为种子繁殖。

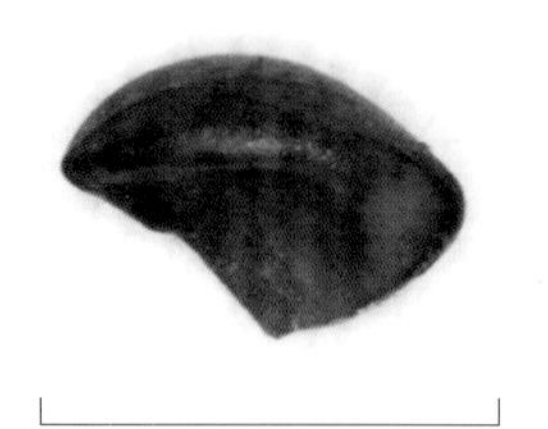

15. 杜鹃红山茶 *Camellia azalea* C. F. Wei　　　　山茶科 Theaceae

濒危等级　IUCN：CR；环境保护部和中国科学院（2013）：CR；覃海宁等（2017）：CR；广东：CR

形态特征：常绿灌木或小乔木。叶片狭长倒卵形或披针形，半肉质。花朵密生，直立，花瓣倒卵形、心状或披针形，红色。蒴果卵球形。花期4—12月，果期9—12月。

产地：阳春（河尾山，模式标本采集地，*卫兆芬，陈都 123224*，IBSC0003468，IBSC0003469）。广东特有种。

生境：仅见于阳春鹅凰嶂省级自然保护区内，所处生境破碎化程度比较严重，生长在溪流两岸向阳处，总长度约4km，分布范围小于100km^2。适宜生长在排水良好、土壤偏酸的沙壤土中。

保育现状：杜鹃红山茶是我国特有的山茶原种，其花期长、花大色艳、花型独特，具有很高的科学研究价值和经济价值。种群分布范围狭窄、生境片段化及严重的人为干扰，是导致杜鹃红山茶资源濒危的主要因素。另外，杜鹃红山茶种子成熟后多被流水冲走或缺少适宜湿度，难以萌发，萌发率极低，且幼苗后期会大量死亡，从而导致种群更新困难（李辛雷，2012）。目前，杜鹃红山茶野生种经过人工培育和选育已经广泛栽植于南方庭园、公园、景区等地，野生种质资源基本上受到了有效保护。主要通过种子繁殖、扦插繁殖或组织培养技术繁殖。

16. 大苞白山茶 *Camellia granthamiana* Sealy　　山茶科 Theaceae

濒危等级 IUCN：EN；环境保护部和中国科学院（2013）：VU；覃海宁等（2017）：VU；广东：VU

形态特征：灌木或乔木。叶片椭圆形，革质。花生于叶腋或者顶端，单生；苞片及萼片未分化；花瓣白色。蒴果近球形；种子棕黑色。花期11月至翌年2月，果期8—9月。

产地：大埔、封开、海丰、惠阳、陆丰、深圳、紫金。

分布：香港（大帽山城门水塘，*H. C. Tang 2422*，K000704273，MEL2368430）。

生境：山坡林地。

保育现状：大苞白山茶是野生山茶属种类中花最大者，具有很高的观赏价值，又因其是山茶属为数不多的野生四倍体种之一，对研究山茶属的系统发育有重要意义。本种野生种群少，人为破坏生境严重，野外种群极少，需要加强就地和迁地保护研究。主要采用种子繁殖、扦插繁殖和组织培养技术繁殖。

17. 猪血木 *Euryodendron excelsum* Hung T. Chang　　山茶科 Theaceae

濒危等级 IUCN：CR；环境保护部和中国科学院（2013）：CR；覃海宁等（2017）：CR；广东：CR；广西壮族自治区重点保护野生植物

形态特征：常绿乔木。叶互生，长圆形或长圆状椭圆形。花簇生于叶腋或生于无叶的小枝上，白色。果为浆果状，卵球形，萼片宿存；种子圆肾形，褐色。花期5—8月，果期10—11月。

产地：阳春（八甲村旁，模式标本采集地，*林万涛 31047*，PE00024362，PE00024363，SYS00095135）、信宜。广东特有种。

分布：广西平南思旺乡曾有记录，但其野生种群已经区域灭绝。

生境：猪血木生长地点基本毗邻村庄、农田等，分布地原生植被大多已被破坏或基本消失，现存居群类型主要为南亚热带季风常绿阔叶林和人工经济林。

保育现状：极小种群植物。为山茶科的单种属植物，应予重点关注及优先保护，以保护其在分类或遗传上的不可替代性。目前猪血木个体数量稀少，现仅残存一个种群，个体数量不足200株，最大的母树已有近250年树龄，胸径1m多（国家林业局，2009）。同时，由于受到当地高强度的人为干扰，生境严重片段化，致使种群自然更新存在瓶颈效应（申仕康 等，2012）。种子繁殖或扦插繁殖。

18. 银钟花 *Halesia macgregorii* Chun

安息香科 Styracaceae

濒危等级 IUCN：VU；环境保护部和中国科学院（2013）：NT；广东：NT；湖南、广西、浙江、江西重点保护野生植物

形态特征：乔木。叶纸质，椭圆形、长椭圆形或卵状椭圆形。花白色，常下垂，先叶开放或与叶同时开放。核果椭球形，具4翅。花期4月，果期7—10月。

产地：曲江、乳源、阳山、英德。

分布：福建、广西、湖南、江西、浙江（泰顺县麻平山区，模式标本采集地，*秦仁昌 2132*，A00061968，A00062560，A00062559，E00273798，K000768026，US00113505，US00513026）。中国特有种。

生境：多生于土层浅薄、岩石裸露的陡山脊地段上，具有喜光、耐寒、耐旱、耐瘠薄等特性，多生长在呈酸性反应的山地黄棕壤土或黄壤土。

保育现状：银钟花对于研究世界古地理，特别是美洲和亚洲大陆的变迁关系，以及植物区系等研究均有重要意义。多零散分布，过去由于过度伐木、修筑公路，生境遭到破坏，又因种子发芽率低，天然更新能力差，植株越来越少。其木材纹细，材质轻软，适于贫瘠地段的绿化造林。广东省银钟花的野生种群少见，仅在南岭山地有少数个体，需要进行就地和迁地保育。种子繁殖。

19. 巴戟天 *Morinda officinalis* F. C. How　　　　茜草科 Rubiaceae

濒危等级 环境保护部和中国科学院（2013）：VU；覃海宁等（2017）：VU；广东：EN；江西省重点保护野生植物

形态特征：藤本；肉质根不定位肠状缢缩。叶薄或稍厚，纸质。花序 3~7 伞形排列于枝顶；头状花序；花冠白色，近钟状，稍肉质。聚花核果由多花或单花发育而成，熟时红色，扁球形或近球形；核果具分核，果柄极短；种子熟时黑色。花期 5—7 月，果熟期 10—11 月。

产地：广东各地。模式标本采自博罗县罗浮山（*陈念劬 40965*，IBSC）

分布：福建、广西、海南。中南半岛。

生境：疏松湿润的林中。

保育现状：巴戟天根部具有很高的药用价值，由于对其根部的挖取会直接将植物个体破坏，因此其野生种群数量急剧减少。虽然本种分布范围很广，但野生种群已经很难找到。主要依靠种子繁殖、扦插繁殖和组织培养技术繁殖。

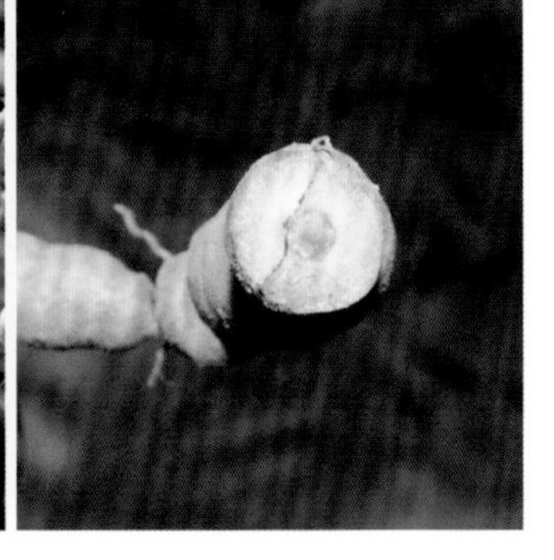

20. 虎颜花 *Tigridiopalma magnifica* C. Chen　　野牡丹科 Melastomataceae

濒危等级 广东：VU

形态特征：草本。叶基生，心形；叶柄圆柱形，钝四棱形。花瓣暗红色，倒卵形。蒴果漏斗状，顶端平截，孔裂；宿存萼杯形，具5棱，棱上具狭翅。花期约11月，果期3—5月。

产地：阳春（八甲河尾山，模式标本采集地，*黄志 38602*，IBK00127727，IBK00127728，IBSC0004022）、龙门、电白、阳东、高州、阳西、信宜。广东特有种。

生境：生长于山谷密林下的阴湿处或潮湿森林的岩石、山坡上。喜高温、湿润的半阴环境，不耐寒和干旱，忌阳光直射。

保育现状：虎颜花为单种属植物，具有很高的科研价值和观赏价值。其对环境条件有很强的依赖性，对环境条件变化的适应能力也较弱，因此限制了其种群规模的扩大。种子萌发时对光的依赖性强，当种子散落到土壤中后因光照不足而不能萌发。种子繁殖、扦插繁殖、分株繁殖和组织培养技术繁殖。

三、广东省野生兰科植物

1. 多花脆兰 *Acampe rigida*（Buch.-Ham. ex Sm.）P. F. Hunt

濒危等级 环境保护部和中国科学院（2013）：LC；广东：VU

形态特征：大型附生植物。茎粗壮，近直立，具多数二列的叶。叶近肉质，带状，基部具宿存而抱茎的鞘。花序腋生或与叶对生，具多数花；花黄色带紫褐色横纹；花瓣狭倒卵形；唇瓣白色，厚肉质。蒴果圆柱形或长纺锤形。花期 8—9 月，果期 10—11 月。

产地：博罗、广州、惠阳、深圳、台山、阳春、英德、云浮、肇庆。

分布：澳门、广西、贵州、海南、香港、云南。不丹、柬埔寨、印度、老挝、马来西亚、缅甸、尼泊尔（模式标本采集地）、斯里兰卡、泰国、越南，以及非洲。

生境：附生于林中树干上或林下岩石上。

保育现状：具有很高的观赏价值，但由于森林植被不断遭破坏，多花脆兰的栖息地受到影响，致使其自然分布区急剧减少。种子繁殖及组织培养技术繁殖。

2. 锥囊坛花兰 *Acanthephippium striatum* Lindl.

濒危等级 广东：DD

形态特征：植株丛生。假鳞茎长卵形。叶椭圆形，先端急尖，基部下延为长柄，两面无毛，具5条在背面隆起的折扇状脉。花葶1~2个。总状花序稍弯垂，具4~6朵花；花白色带红色脉纹。蒴果。花期4—6月。

产地：汕头。

分布：福建、广西、台湾、云南。印度、印度尼西亚、马来西亚、尼泊尔、泰国、越南。

生境：沟谷、溪边或密林下阴湿处。

分类说明：中华坛花兰 *A. sinense* Rolfe 的模式标本（*S. T. Dunn 6504a*，HK0027351）采自广东汕头，分类上已经作为本种的异名处理（Chen *et al.*，2009b）。因此，原来认为广东有分布的中华坛花兰 *A. gougahense*（Guillaumin）Seidenf. 可能并不存在。

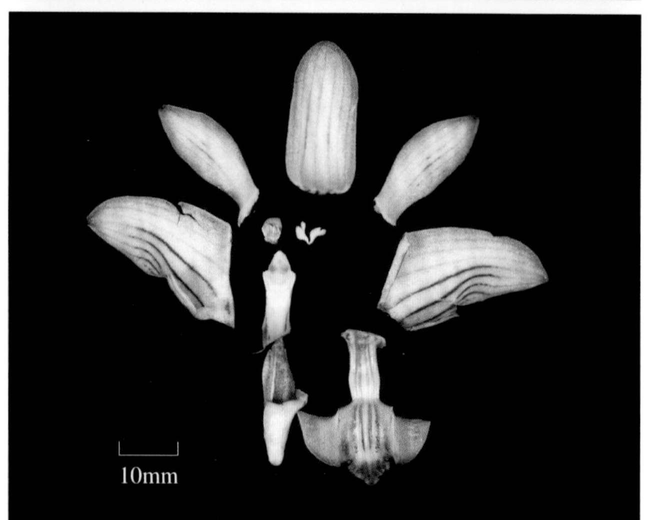

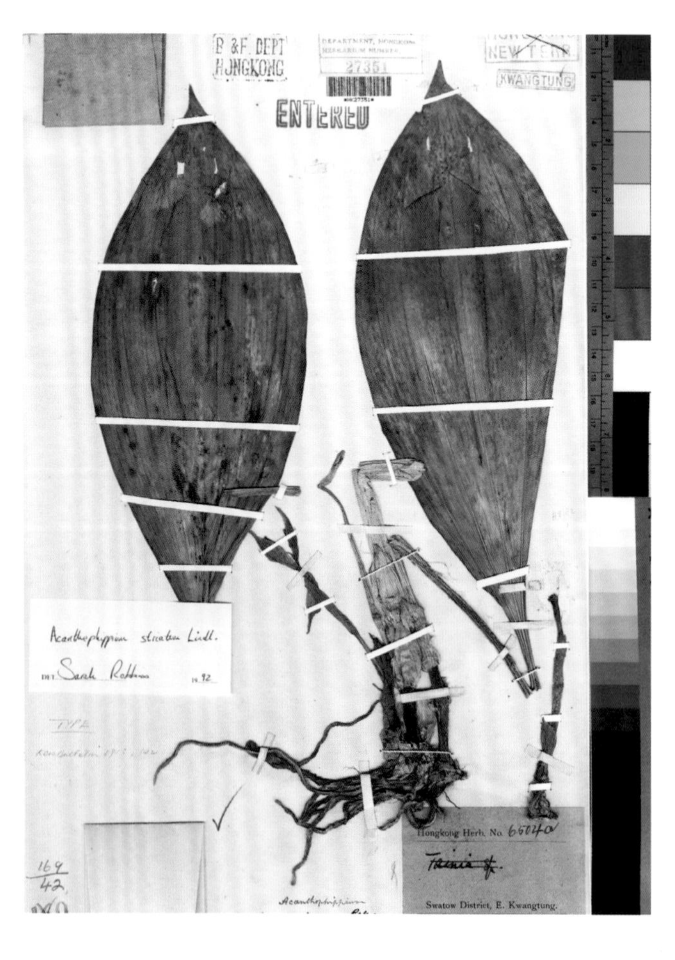

3. 香港安兰 *Ania hongkongensis*（Rolfe）T. Tang & F. T. Wang

濒危等级 环境保护部和中国科学院（2013）：NT；广东：EN

形态特征：假鳞茎卵球形，顶生1枚叶。叶长椭圆形。总状花序，疏生数朵花；花苞片膜质，狭披针形；花黄绿色带紫褐色斑点和条纹；萼片相似，长圆状披针形；侧萼片贴生于蕊柱基部；花瓣倒卵状披针形；唇瓣白色带黄绿色条纹，倒卵形；距近长圆形；蕊柱白色带淡紫色，向上稍扩大；药帽顶端两侧各具1个紫色的角状物。花期4—5月。

产地：潮安、大埔、蕉岭、深圳、肇庆。

分布：福建、香港（模式标本采集地，*Wilford 384*，K000482043；*C. Wright 522*，K000482042，P00460019；*C. Ford s.n.*，K000482041）。越南。

生境：山坡林下或山间路旁。偶见，种群小。

4. 南方安兰 *Ania ruybarrettoi* S. Y. Hu & Barretto

濒危等级 广东：DD

形态特征：假鳞茎暗绿色或紫红色，近聚生，卵球形。叶深绿色，披针形，先端锐尖。花葶直立，从假鳞茎基部长出；总状花序；花暗红黄色。花期 3 月。

产地：肇庆、紫金。广东分布新记录。

分布：广西、海南、香港（沙头角，模式标本采集地，*R. Barretto in S. Y. Hu 13098A*，K，PE）。越南。

生境：竹林下。

5. 金线兰 *Anoectochilus roxburghii*（Wall.）Lindl.

濒危等级 环境保护部和中国科学院（2013）：EN；覃海宁等（2017）：EN；广东：EN

形态特征：根状茎匍匐，肉质。茎直立，肉质。总状花序，具2~6朵花；花苞片淡红色，不扭转；花白色或淡红色；唇瓣呈Y形。花期8—12月。

产地：博罗、乐昌、惠东、曲江、深圳、翁源、新丰、阳春、英德、郁南、肇庆。

分布：福建、广西、海南、香港、湖南、江西、四川、西藏、云南、浙江。不丹、孟加拉国（Sylhet，模式标本采集地，*W. Gomez in N. Wallich Cat. no. 7387*，K001127271）、印度、日本、老挝、尼泊尔、泰国、越南。

生境：常绿阔叶林下或沟谷阴湿处。

保育现状：分布点虽较多，但每个种群的个体数量少，且常为民间采集用于入药，因此野生个体少见。

6. 无叶兰 *Aphyllorchis montana* Rchb. f.

濒危等级 广东：DD

形态特征：植株具直生的、多节的根状茎。茎直立，无绿叶。总状花序，疏生数朵至 10 余朵花；花黄色或黄褐色。花期 7—9 月。

产地：深圳。

分布：广西、贵州、海南、香港、台湾、云南。柬埔寨、印度、印度尼西亚、日本、马来西亚、菲律宾、斯里兰卡（Ambagumowa 地区，模式标本采集地，*Thwaites C.P.3189*，K000387569）、泰国、越南。

生境：疏林下。

7. 单唇无叶兰 *Aphyllorchis simplex* Tang & F. T. Wang

濒危等级 环境保护部和中国科学院（2013）：CR；覃海宁等（2017）：CR；广东：EN

形态特征：植株具近直生的根状茎和少数肉质根；茎无绿叶。总状花序，疏生 10~13 朵花；花白色。花期 8 月。

产地：梅州（阴那山，模式标本采集地，*曾怀德 21504*，PE00804912）。

分布：海南。越南（黄明忠 等，2014）。

生境：丛林下石坡沙土中。种群极少。

8．佛冈拟兰 *Apostasia fogangica* Y. Y. Yin，P. S. Zhong & Z. J. Liu

濒危等级 广东：EN；Yin *et al.*（2016）: CR

形态特征：植株根分支多，有块茎。茎直立，木质，多节，具有圆柱形鞘。叶片狭卵形披针形，基部缢缩成叶柄。圆锥花序生于顶端，向下倾斜；苞片宽卵形；花黄色，完全开放；萼片3，狭长形；花瓣3，与萼片相似但略宽；雄蕊3，基部花丝合生；浆果长圆柱形，绿色。花期5—6月，果期6月至翌年2月（Yin *et al.*, 2016）。

产地：佛冈（模式标本采集地，*Liu 8640*，NOCC）、广州。广东特有种。

生境：阔叶林下疏松的岩石土壤中，海拔约250m，仅有数个种群生长。

9．拟兰 *Apostasia odorata* Blume

濒危等级 环境保护部和中国科学院（2013）：LC；广东：EN

形态特征：叶片披针形或线状披针形，基部收狭成柄；花序顶生，常弯垂，通常有10余朵花；花苞片卵形或卵状披针形；花淡黄色，直径约1cm；萼片狭长圆形；花瓣与萼片相似；花药近线形，基部戟形；退化雄蕊近圆柱形；花柱（分离部分）略高出花药之上，顶端具稍膨大的柱头。蒴果圆筒形。花果期5—7月。

产地：博罗、广州（增城）、翁源。

分布：广西、海南、云南。柬埔寨、印度、印度尼西亚（Java，模式标本采集地）、老挝、马来西亚、泰国、越南。

生境：干燥山坡林下，少见。

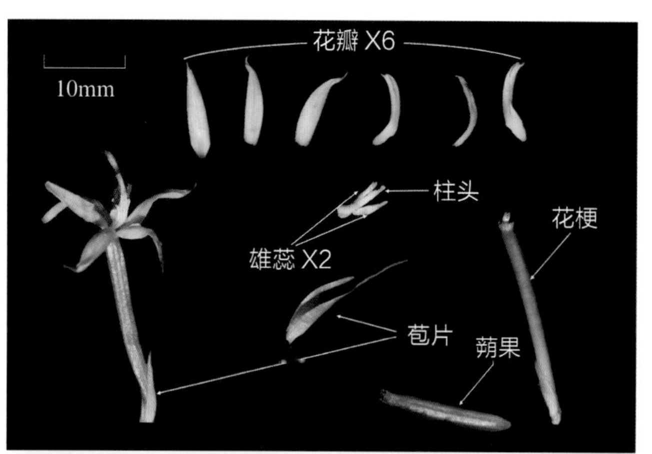

10. **多枝拟兰** *Apostasia ramifera* S. C. Chen & K. Y. Lang

濒危等级 环境保护部和中国科学院（2013）：EN；广东：EN

形态特征：根状茎较长。叶片卵形或卵状披针形，基部收狭成短柄；叶柄基部扩大并抱茎。花序总状，从茎和分枝近顶端处发出，外弯或多少下垂，具1~4朵花；花苞片卵形或披针形；花较小，黄色；萼片长圆形，展开；花瓣与萼片相似，但略短而宽；合蕊柱背面在退化雄蕊下方膨大并具2脊，退化雄蕊几乎完全贴生于花柱上，略短于花柱。花期5—6月。

产地：封开、深圳、新丰。

分布：海南（尖峰岭，模式标本采集地，*陈泽濂 30285*，PE00027312）。中国特有种。

生境：山地密林湿土上，少见。

11. 深圳拟兰 *Apostasia shenzhenica* Z. J. Liu & L. J. Chen

濒危等级 广东：EN

形态特征：根状茎较长，有块根。叶片卵形或卵状披针形，基部收狭成短柄；叶柄基部扩大并抱茎。花序从茎和分枝近顶端处发出，外弯或多少下垂，总状；花苞片卵形或披针形；花较小，黄色；萼片长圆形，展开；花瓣与萼片相似，但略短而宽；合蕊柱背面在退化雄蕊下方不膨大，无脊，退化雄蕊明显长于花柱且上部约 1/3 与花柱完全分离。花期 5—6 月（陈利君 等，2011）。

产地：深圳（模式标本采集地，*Z. J. Liu 4541*，NOCC）、韶关、梅州、河源、惠东。广东特有种。

生境：海拔约 200m 竹木混交的常绿阔叶林下疏松的土壤中。

12．牛齿兰 *Appendicula cornuta* Blume

濒危等级 环境保护部和中国科学院（2013）：LC；广东：EN

形态特征：附生草本。茎丛生，直立或悬垂，全部包藏于筒状叶鞘之中。叶二列，互生；鞘宿存，抱茎。总状花序，具2~6朵花，顶生或侧生；花苞片披针形，常反折；花小，白色；中萼片椭圆形；侧萼片斜三角形，基部宽阔并着生于蕊柱足上，与唇瓣基部共同形成萼囊；花瓣卵状长圆形；唇瓣近长圆形，近中部略缢缩；蕊柱短。蒴果椭圆形。花期7—8月，果期9—10月。

产地：博罗、电白、深圳、信宜、阳春。

分布：广西、海南、香港、云南。印度、印度尼西亚（Java，模式标本采集地，*C. L. Blume s.n.*，L）、马来西亚、缅甸、菲律宾、泰国、越南。

生境：林中岩石上或阴湿石壁上。

13. 竹叶兰 *Arundina graminifolia*（D. Don）Hochr.

濒危等级　环境保护部和中国科学院（2013）：LC；广东：NT

形态特征：地下根状茎，常在连接茎基部处呈卵球形膨大。茎直立，具多枚叶。叶线状披针形；鞘抱茎。花序总状或基部有 1~2 个分枝，具 2~10 朵花，每次仅开 1 朵花；花苞片宽卵状三角形；花粉红色或略带紫色或白色；萼片狭椭圆形或狭椭圆状披针形；花瓣椭圆形或卵状椭圆形，与萼片近等长；唇瓣 3 裂；侧裂片围抱蕊柱；中裂片先端 2 浅裂或微凹；蕊柱稍向前弯。蒴果近长圆形。花果期 9—11 月。

产地：广东大部分地区。

分布：澳门、福建、广西、贵州、海南、香港、湖南、江西、四川、台湾、西藏、云南、浙江。不丹、柬埔寨、印度、印度尼西亚、日本、老挝、马来西亚、缅甸、尼泊尔（模式标本采集地，*Hamilton s.n.*，BM000091395）、斯里兰卡、泰国、越南。

生境：草坡、溪谷旁、灌丛中。

保育现状：珍贵的药用植物，同时也具有很高的观赏价值。广东北部野生种群多，发育良好。

14. 白及 *Bletilla striata*（Thunb.）Rchb. f.

濒危等级 环境保护部和中国科学院（2013）：EN；覃海宁等（2017）：EN；广东：EN；陕西省重点保护野生植物

形态特征：假鳞茎扁球形，上面具荸荠似的环带。叶狭长圆形或披针形。花序具3~10朵花，常不分枝；花苞片长圆状披针形，开花时常凋落；花大，紫红色或粉红色；萼片和花瓣近等长，狭长圆形；花瓣较萼片稍宽；唇瓣较萼片和花瓣稍短，倒卵状椭圆形，白色带紫红色，具紫色脉；唇盘上面具5条纵褶片；蕊柱柱状，具狭翅。花期4—5月。

产地：广州、连州、乳源。

分布：安徽、福建、甘肃、广西、贵州、香港、湖北、湖南、江苏、江西、陕西、四川、浙江。日本（模式标本采集地，*Thunberg s.n.*，S）、朝鲜。

生境：常绿阔叶林下、路边草丛或岩石缝中。喜温暖、阴凉湿润的环境。生长发育要求肥沃、疏松且排水良好的沙壤土或腐殖质壤土。

保育现状：白及具有药用和观赏价值。掠夺式采挖使生长周期长、繁殖系数低的药用白及资源遭到毁灭性的破坏。

15. 短距苞叶兰 *Brachycorythis galeandra*（Rchb. f.）Summerh.

濒危等级 环境保护部和中国科学院（2013）：NT；广东：VU

形态特征：块茎长圆形。茎直立，密生 4~6 枚叶。叶直立伸展，叶片椭圆形或卵形。总状花序，具 3~10 朵花；花苞片叶状，较花长很多；子房圆柱状，扭转，上部稍弓曲；花较小，粉红色、淡紫色或蓝紫色；中萼片线状披针形；侧萼片宽披针形；花瓣斜卵形，先端稍钝；唇瓣近圆状倒卵形，先端常微缺，基部具短距；距圆锥状。花期 5—7 月。

产地：博罗、高州、乐昌、连州、乳源、阳山、英德、肇庆。

分布：广西、贵州、湖南、四川、香港、台湾（模式标本采集地，*R. Fortune 78*，K000894310，K000894446，P00363983，P00363984）、云南。印度、缅甸、尼泊尔、泰国、越南。

生境：山坡灌丛下、山顶草丛中或沟边阴湿处。

16．赤唇石豆兰 *Bulbophyllum affine* Lindl.

濒危等级　环境保护部和中国科学院（2013）：LC；广东：EN

形态特征：根状茎粗壮，根从节上和节间中发出，多数。假鳞茎直立，顶生1枚叶。叶厚革质或肉质，直立，长圆形，基部收窄为柄。花葶从根状茎上和假鳞茎基部抽出；花序柄极短，顶生1朵花；花淡黄色带紫色条纹；中萼片披针形；侧萼片镰状披针形，与中萼片近等长；花瓣披针形，比萼片小；唇瓣肉质，披针形；蕊柱粗短；蕊柱齿不明显；药帽僧帽状或长圆锥形。花期5—7月。

产地：深圳、肇庆。

分布：广西、海南、香港、四川、台湾、云南。不丹、印度、日本、老挝、尼泊尔（模式标本采集地，*N. Wallich Cat. no. 1982*，BR0000009972834，G00165059，G00165060，K001114844，K000894323，K000894451）、泰国、越南。

生境：疏林树干上或沟谷岩石上，喜阴凉、湿润的环境，较耐寒，喜散射阳光。

保育现状：赤唇石豆兰具有药用和观赏价值，但人为采挖严重，且往往是灭绝性破坏，致使野外资源受到极大影响，其自身繁殖也比较漫长和困难。一般分株繁殖。

17. 芳香石豆兰 *Bulbophyllum ambrosia*（Hance）Schltr.

濒危等级 环境保护部和中国科学院（2013）：LC；广东：EN

形态特征：根状茎粗2~3mm，每相距3~9cm生1个假鳞茎。假鳞茎直立或稍弧曲上举，圆柱形，顶生1枚叶。叶革质，长圆形。花葶出自假鳞茎基部，1~3个，圆柱形，直立，顶生1朵花；花苞片膜质，卵形；花淡黄色带紫色；中萼片近长圆形；侧萼片斜卵状三角形；花瓣三角形；唇瓣近卵形，中部以下对折，基部具凹槽；蕊柱粗短，蕊柱齿不明显。

产地：博罗、广州、深圳、阳春、肇庆。

分布：福建、广西、海南、香港（太平山，模式标本采集地，*C. Ford*，*Herb. H. F. Hance 22156*，BM000516777）、云南。越南。

生境：山地林中树干上。

保育现状：芳香石豆兰附生于森林山顶岩石或树干上，生境片段化严重，使得不同个体之间花粉交流困难，自交不亲和的特性导致芳香石豆兰自然结实率很低或不结实。一般采用分株繁殖。

18. 二色卷瓣兰 *Bulbophyllum bicolor* Lindl.

濒危等级 环境保护部和中国科学院（2013）：CR；覃海宁等（2017）：CR；广东：EN

形态特征：根状茎粗壮，每相隔 3~4cm 处生 1 个假鳞茎。假鳞茎生 1 枚叶。叶革质，长圆形。花葶从假鳞茎基部发出，伞形花序具 1~3 朵花；花苞片披针形；花淡黄色；萼片和花瓣先端紫红色；中萼片长圆形；侧萼片斜卵状披针形，花瓣长圆形，紫红色，边缘全缘；唇瓣与蕊柱足末端连接而形成 1 个活动关节；蕊柱上端两侧各具 1 枚狭齿状的蕊柱齿。花期 5 月。

产地：深圳。

分布：香港（模式标本采集地，*Reeves s.n.*）。越南。

生境：溪边的岩石或树干上。

19. 直唇卷瓣兰 *Bulbophyllum delitescens* Hance

濒危等级 环境保护部和中国科学院（2013）：VU；覃海宁等（2017）：VU；广东：EN

形态特征：根状茎粗壮，匍匐生根，在每间隔3~11cm处生1个假鳞茎。假鳞茎卵形或近圆柱形，顶生1枚叶。叶薄革质，长圆形或椭圆形。花葶从生有假鳞茎的根状茎节上发出，直立；伞形花序常具2~4朵花；花苞片披针形；花茄紫色；侧萼片狭披针形；花瓣镰状披针形，先端截形而凹缺，凹口中央具1个短芒；唇瓣肉质，舌状，向外下弯；蕊柱齿伸延成臂状，中部缢缩。花期4—11月。

产地：海丰、深圳。

分布：福建、海南、香港（太平山，*C. Ford 19111*，BM）、西藏、云南。印度、越南。

生境：山谷溪边岩石上和林中树干上。

20. 戟唇石豆兰 *Bulbophyllum depressum* King & Pantl.

濒危等级 环境保护部和中国科学院（2013）：VU；覃海宁等（2017）：VU；广东：EN

形态特征：根状茎匍匐，在每相距 8~14mm 处的节上生 1 个假鳞茎。假鳞茎顶生 1 枚叶。叶纸质，卵形或卵状披针形；花葶纤细；花苞片膜质，呈杯状；花很小，直立，花被片除基部和先端浅绿色外，其余为紫色；中萼片披针形；侧萼片镰状披针形；花瓣椭圆形；唇瓣的整体轮廓为菱形；中裂片舌形；唇盘在两侧裂片中央具 1 个胼胝体；蕊柱足无分离部分，蕊柱齿不明显；药帽半球形，光滑。花期 6—11 月。

产地：信宜。

分布：海南。印度、泰国。

生境：山地密林中的树干上或山谷岩石上。

21. 圆叶石豆兰 *Bulbophyllum drymoglossum* Maxim. ex Okubo

濒危等级 环境保护部和中国科学院（2013）：LC；广东：EN

形态特征：根状茎匍匐伸长，每节生1枚叶。无假鳞茎。叶近椭圆形或圆形。花葶从叶柄基部发出，直立；花序柄纤细，顶生1朵花；花苞片膜质，卵形；花开展，萼片和花瓣淡黄色；中萼片近似于侧萼片，卵状披针形；侧萼片稍较大；花瓣长圆形或近椭圆形，全缘；唇瓣紫褐色，卵状椭圆形；蕊柱粗短；蕊柱足紫褐色；蕊柱齿三角形，不明显；药帽光滑。花期5月。

产地：乳源。

分布：广西、台湾、云南。日本、朝鲜。

生境：山地林中树干上。

22. 狭唇卷瓣兰 *Bulbophyllum fordii*（Rolfe）J. J. Sm.

濒危等级 环境保护部和中国科学院（2013）：EN；覃海宁等（2017）：EN；广东：DD

形态特征：根状茎粗壮。假鳞茎狭卵形，顶生1枚叶，基部被鞘。叶革质，狭长圆形，先端钝凹。花葶从假鳞茎基部抽出，直立。伞形花序具多数花；花苞片披针形；花淡黄色带紫色；中萼片卵状长圆形，舟状；侧萼片狭长圆形，基部上方扭转而两侧萼片的上侧边缘在中部以上分别彼此粘合；花瓣狭长圆形；唇瓣肉质，狭披针形，基部具凹槽；蕊柱翅在蕊柱中部向前扩展呈半圆形；蕊柱足分离部分向上弯曲；药帽前缘先端具梳状齿。花期8月。

产地：连州（连州河，模式标本采集地，*C. Ford 359*，HK0027307，K000867020）。

分布：云南。中国特有种。

生境：不详。

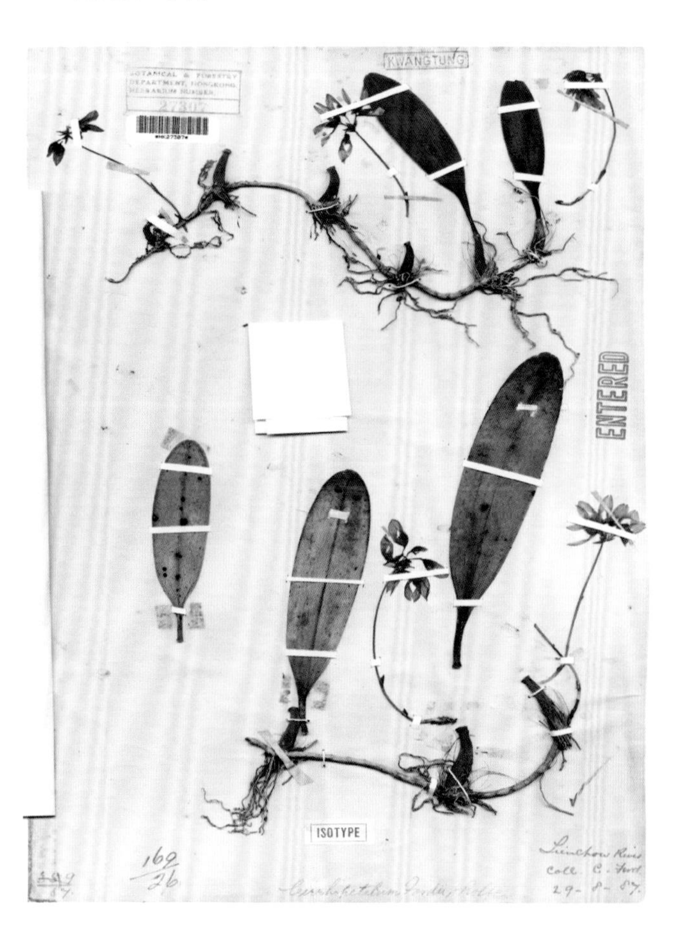

23．莲花卷瓣兰 *Bulbophyllum hirundinis*（Gagnep.）Seidenf.

濒危等级 广东：DD

形态特征：匍匐根状茎粗 1~2mm，具分枝。假鳞茎聚生或彼此疏离而相间 5~20mm，卵球形，顶生 1 枚叶，干后表面具不规则的皱纹。叶厚革质或肉质，长椭圆形、卵形或卵状舌形，中肋下陷。花葶从生有假鳞茎的根状茎节上抽出，直立；伞形花序具 3~5 朵花；花苞片披针形；花黄色带紫红色；中萼片卵形，边缘具流苏状缘毛；侧萼片线形；花瓣斜卵状三角形，先端锐尖，边缘具流苏状的缘毛；唇瓣肉质，舌状；药帽前缘先端截形并且凹缺，具许多齿状突起。

产地：深圳。广东分布新记录。

分布：安徽、广西、海南、台湾、云南。越南（模式标本采集地，*B. Balansa 2032*，P00348062）。

生境：山地林中树干上。

24. 瘤唇卷瓣兰 *Bulbophyllum japonicum*（Makino）Makino

濒危等级 广东：DD

形态特征：根状茎纤细，在每相距 7~18mm 处生 1 个假鳞茎。假鳞茎卵球形，顶生 1 枚叶，幼时被膜质鞘，干后表面具皱纹。叶革质，长圆形或有时斜长圆形。花葶从假鳞茎基部抽出；伞形花序常具 2~4 朵花；花紫红色；中萼片卵状椭圆形；侧萼片披针形；花瓣近匙形；唇瓣肉质，舌状，向外下弯；蕊柱足长约 1 mm；药帽半球形，前缘先端近圆形，全缘。花期 6 月。

产地：深圳、紫金。广东分布新记录。

分布：福建、广西、湖南、台湾。日本（模式标本采集地）。

生境：山地阔叶林中树干上或沟谷阴湿岩石上。

25. 广东石豆兰 *Bulbophyllum kwangtungense* Schltr.

濒危等级 环境保护部和中国科学院（2013）：LC；广东：NT

形态特征：根状茎每相隔2~7cm处生1个假鳞茎。假鳞茎直立，圆柱状，顶生1枚叶。叶革质，长圆形。花葶1个，从假鳞茎基部或靠近假鳞茎基部的根状茎节上发出，远高出叶外，总状花序缩短呈伞状，具2~7朵花；花苞片狭披针形，花淡黄色；萼片离生，狭披针形；侧萼片比中萼片稍长；花瓣狭卵状披针形；唇瓣狭披针形；蕊柱齿牙齿状；药帽前端稍伸长。花期5—8月。

产地：博罗（罗浮山，模式标本采集地，*C. H. Levine 1521*；*E. D. Merrill 10770*，HUH00000501，HUH00000502，HUH00062227，US00124037）、大埔、德庆、封开、广州、怀集、和平、河源、惠阳、连平、龙门、罗定、梅州、乳源、深圳、五华、新丰、信宜、肇庆、紫金、阳春、阳山。

分布：福建、广西、贵州、海南、香港、湖北、湖南、江西、四川、云南、浙江。中国特有种。

生境：山坡林下岩石上，附生于岩石上。生活在中等湿度和温暖环境中。

26. 齿瓣石豆兰 *Bulbophyllum levinei* Schltr.

濒危等级 环境保护部和中国科学院（2013）：LC；广东：VU

形态特征：根状茎纤细，匍匐生根。假鳞茎在根状茎上聚生，近圆柱形或瓶状，顶生 1 枚叶。叶薄革质，狭长圆形或倒卵状披针形。花葶从假鳞茎基部发出，高出叶外。总状花序缩短呈伞状，常具 2~6 朵花；花苞片直立，狭披针形；花白色；中萼片卵状披针形；侧萼片斜卵状披针形；花瓣卵状披针形；唇瓣摊平后为披针形；蕊柱齿很短，丝状；蕊柱足弯曲；药帽半球形。花期 5—8 月。

产地：博罗（罗浮山，模式标本采集地，*C. O. Levine 1548*；*E. D. Merrill 10696*，US00093995）、封开、龙门、乳源、始兴、新丰。

分布：福建、广西、香港、湖南、江西、浙江。印度、越南。

生境：山地林中树干上或沟谷岩石上。

27. 密花石豆兰 *Bulbophyllum odoratissimum*（Sm.）Lindl.

濒危等级 环境保护部和中国科学院（2013）：LC；广东：NT

形态特征：根状茎粗，在每相距 4~8cm 处生 1 个假鳞茎。假鳞茎近圆柱形，顶生 1 枚叶。叶革质，长圆形。花葶淡黄绿色，比叶长或短。总状花序缩短呈伞状，密生 10 余朵花；花苞片卵状披针形；萼片离生，披针形；中萼片卵形或卵状披针形；侧萼片比中萼片长；花瓣质地较薄，白色；唇瓣橘红色，肉质，舌形；蕊柱粗短；蕊柱齿短钝，呈三角形或牙齿状；蕊柱足橘红色；药帽近半球形或心形。花期 4—8 月。

产地：博罗、龙门、饶平、深圳、翁源、信宜、阳春、英德、肇庆。

分布：福建、广西、香港、四川、西藏、云南。不丹、印度、老挝、缅甸、尼泊尔（模式标本采集地，*N. Wallich 1987*，P00348160，P00348161，P00348162）、泰国、越南。

生境：混交林中树干上或山谷岩石上。

28．毛药卷瓣兰 *Bulbophyllum omerandrum* Hayata

濒危等级 环境保护部和中国科学院（2013）：NT；广东：EN

形态特征：根状茎匍匐，根出自生有假鳞茎的根状茎节上。假鳞茎在根状茎上彼此相距 1.5~4cm，顶生 1 枚叶。叶长圆形。花葶从假鳞茎基部抽出，直立，伞形花序具 1~3 朵花；花苞片卵形，舟状；花黄色；中萼片先端和花瓣中部以上边缘具髯毛，药帽前端边缘具流苏状缘毛；侧萼片披针形；花瓣卵状三角形；唇瓣肉质，舌形；柱齿三角形。花期 3—4 月。

产地：乳源。

分布：福建、广西、湖北、湖南、台湾（阿里山，模式标本采集地，*B. Hayata & Takeo Ito s.n.*）、浙江。中国特有种。

生境：山地林中树干上或沟谷岩石上。

29. 斑唇卷瓣兰 *Bulbophyllum pectenveneris*（Gagnep.）Seidenf.

濒危等级 环境保护部和中国科学院（2013）：LC；广东：EN

形态特征：根状茎匍匐，根出自生有假鳞茎的节上。假鳞茎在根状茎上彼此相距 5~10mm，顶生 1 枚叶。叶椭圆形、长圆状披针形或卵形。花葶从假鳞茎节上发出，远高出叶外。伞形花序具 3~9 朵花；花苞片披针形；花黄绿色或黄色稍带褐色；中萼片基部以上边缘具流苏状缘毛；侧萼片狭披针形，先端长尾状；花瓣斜卵形；唇瓣肉质，舌状；蕊柱齿钻状。花期 4—9 月。

产地：乳源、深圳。

分布：安徽、福建、广西、海南、香港、湖北、台湾。老挝、越南（Langbian Plateau，模式标本采集地，*Eberhardt s.n.*，P00348180）。

生境：山地林中树干上或林下岩石上。

30. 伞花石豆兰 *Bulbophyllum shweliense* W. W. Sm.

濒危等级 环境保护部和中国科学院（2013）：NT；广东：EN

形态特征：根状茎纤细，根丛生于生有假鳞茎的节上。假鳞茎近圆柱形或狭椭圆状长圆柱形，顶生1枚叶。叶革质，长圆形。总状花序缩短呈伞状，具4~10朵花；花苞片披针形；花橙黄色，微香；萼片离生，披针形；侧萼片中部以上两侧边缘内卷，呈筒状；花瓣卵状披针形；唇瓣肉质；蕊柱齿钻状，与药帽等高；蕊柱足向上弯曲；药帽为先端钝的三角形。花期6月。

产地：乳源。

分布：云南（瑞丽，模式标本采集地，*G. Forrest 18398*，E00123396，E00383620，K000810989）。泰国、越南。

生境：山地林中树干上。

31．短足石豆兰 *Bulbophyllum stenobulbon* Par. & Rchb. f.

濒危等级 环境保护部和中国科学院（2013）：VU；覃海宁等（2017）：VU；广东：EN

形态特征：根状茎在每相距 1.5~3cm 处生 1 个假鳞茎。根出自生有假鳞茎的节上。假鳞茎卵状圆柱形或近圆柱形，顶生 1 枚叶。叶长圆形。花葶 1~2 个，纤细，稍高出假鳞茎之上。总状花序缩短呈伞状；萼片和花瓣淡黄色；萼片离生；中萼片狭披针形；侧萼片狭披针形，比中萼片稍长；唇瓣橘黄色，舌状或卵状披针形；蕊柱齿与药帽等高；药帽半球形。花期 5—6 月。

产地：信宜、肇庆。

分布：贵州、香港、云南。不丹、印度、缅甸（Mawlamyine，模式标本采集地，*E. C. Parish 319*，K000829171）、老挝、泰国、越南。

生境：山地林中树干上或林下岩石上。

32. 虎斑卷瓣兰 *Bulbophyllum tigridum* Hance

濒危等级 环境保护部和中国科学院（2013）：DD；广东：EN

形态特征：根状茎匍匐，假鳞茎通常彼此相距1~3cm，卵状圆锥形或狭卵形，顶生1枚叶。根出自生有假鳞茎的根状茎节上。叶长圆形或卵状披针形。花葶常高出叶外，伞形花序具多数花；花苞片狭披针形；中萼片黄色带紫红色脉纹；侧萼片黄色，狭披针形或线形；花瓣黄色并带紫红色的脉；唇瓣肉质，舌形；蕊柱翅在蕊柱基部稍扩大；蕊柱齿近三角形；药帽前端近圆形。花期9—12月。

产地：博罗（罗浮山，模式标本采集地，*E. Faber in Herb. H. F. Hance 22164*，K）。

分布：香港。中国特有种。

生境：山地林中树干上或林下岩石上。

33. 泽泻虾脊兰 *Calanthe alismaefolia* Lindl.

濒危等级 IUCN: LC；环境保护部和中国科学院（2013）：LC；广东：VU

形态特征：根状茎不明显。假鳞茎细圆柱形，具3~6枚叶，无明显的假茎。叶在花期全部展开，形似泽泻叶。花葶从叶腋抽出，约与叶等长。总状花序，具3~10朵花；花苞片宿存，宽卵状披针形；花白色或有时带浅紫堇色；萼片近倒卵形；花瓣近菱形；唇瓣基部与整个蕊柱翅合生；中裂片扇形，比侧裂片大得多；距圆筒形，纤细，劲直；蕊喙2裂，裂片近长圆形；药帽在前端收狭。花期6—7月。

产地：连南、仁化、乳源、翁源、信宜。

分布：湖北、台湾、四川、西藏、云南、浙江。不丹、印度（Khasia Hills，模式标本采集地，*J. D. Hooker & Thompson 239*，K-LINDL）、日本、越南。

生境：常绿阔叶林下，喜半阴的环境，适于在富含腐殖质而排水良好的土壤中生长。

保育现状：生境的破坏和丧失及人为过度采集是造成泽泻虾脊兰濒危的主要原因，再加上自身繁殖困难，使本种的保护工作更加艰难。标本信息的评估结果表明，中国虾脊兰属植物濒危状况总体上要比以前发表的评估结果严重（黄卫昌 等，2015）。一般采用分株繁殖。

备注：本种的学名种加词原为“alismatifolia”（Clayton *et al.*，2013）。

34. 狭叶虾脊兰 *Calanthe angustifolia*（Blume）Lindl.

濒危等级 IUCN: VU；环境保护部和中国科学院（2013）：NT；广东：VU

形态特征：植株具粗短的圆柱形假鳞茎和匍匐根状茎。假茎不明显。叶近基生，4~10 枚，狭披针形或狭椭圆形。总状花序，具 10 余朵花；花白色；萼片相似，长圆状椭圆形；花瓣卵状椭圆形；唇瓣基部与整个蕊柱翅合生；中裂片倒心形；距棒状，中部较细，稍弯曲。花期 9 月。

产地：新丰。

分布：海南、台湾。印度尼西亚（Java，模式标本采集地，*Blume 369*，BO，L）、马来西亚、菲律宾、越南。

生境：常绿阔叶林下。

35. 银带虾脊兰 *Calanthe argenteostriata* C. Z. Tang & S. J. Cheng

濒危等级 IUCN: VU；环境保护部和中国科学院 (2013)：LC；广东：EN

形态特征：植株无明显的根状茎。假鳞茎粗短，具 2~3 枚鞘和 3~7 枚在花期展开的叶。叶椭圆形或卵状披针形。总状花序具 10 余朵花；花苞片宽卵形；花张开；中萼片椭圆形；侧萼片宽卵状椭圆形；花瓣近匙形或倒卵形；唇瓣白色；侧裂片近斧头状；中裂片深 2 裂；小裂片与侧裂片等大；距黄绿色；蕊柱白色；蕊喙 2 裂，轭形；药帽白色；花粉团狭倒卵球形或狭棒状。花期 4—5 月。

产地：广州（从化区三角山，模式标本采集地，*邵应韶 126*，IBSC0005407，HITBC）。

分布：广西、贵州、云南。越南。

生境：山坡林下的岩石空隙或覆土的石灰岩面上。

36. 翘距虾脊兰 *Calanthe aristulifera* Rchb. f.

濒危等级　IUCN: EN；环境保护部和中国科学院（2013）：NT；广东：EN

形态特征：假鳞茎具 3 枚鞘和 2~3 枚叶。叶倒卵状椭圆形或椭圆形。总状花序，疏生约 10 朵花；花苞片宿存，狭披针形；花白色或粉红色，半开放；中萼片长圆状披针形；侧萼片斜长圆形；花瓣狭倒卵形或椭圆形；唇瓣的轮廓为扇形；侧裂片近圆形耳状或半圆形；中裂片扁圆形；距圆筒形；蕊柱上端扩大；蕊喙 2 裂，裂片近三角形，先端锐尖；药帽在前端骤然收狭而呈喙状。花期 2—5 月。

产地：乐昌。

分布：福建、广西、台湾。日本（Takahara，模式标本采集地，*J. J. Rein 187*，GOET013925）。

生境：山地沟谷阴湿处和密林下。

37. 棒距虾脊兰 *Calanthe clavata* Lindl.

濒危等级 IUCN: VU；环境保护部和中国科学院（2013）：LC；广东：EN

形态特征：植株全体无毛。假茎具3枚鞘和2~3枚叶。叶狭椭圆形，在与叶鞘相连接处具1个关节。花序之下具数枚宽筒状的鞘。总状花序，具多数花，圆柱形；花苞片早落，披针形，膜质；花黄色；中萼片椭圆形；侧萼片近长圆形；花瓣倒卵状椭圆形至椭圆形；唇瓣基部近截形；中裂片近圆形；距棒状；蕊喙三角形，不裂；药帽前端收狭，先端截形。花期11—12月。

产地：博罗、潮安、阳春。

分布：福建、广西、海南、西藏、云南。印度、缅甸、尼泊尔（Sylhet，模式标本采集地，*N. Wallich Cat. no. 7343*，K001127202）、泰国、越南。

生境：山地密林下或山谷岩边。

38. 密花虾脊兰 *Calanthe densiflora* Lindl.

濒危等级 IUCN: LC；环境保护部和中国科学院（2013）：LC；广东：VU

形态特征：根状茎匍匐，长而粗壮。假茎细长，具3枚鞘和3枚折扇状叶。叶披针形或狭椭圆形。总状花序呈球状，由许多放射状排列的花所组成；花苞片早落，狭披针形；萼片相似，长圆形；花瓣近匙形；唇瓣基部合生于蕊柱基部上方的蕊柱翅上，中上部3裂；侧裂片卵状三角形；中裂片近方形；距圆筒形；蕊柱细长。蒴果椭圆状球形，近悬垂。花期8—9月，果期10月。

产地：博罗、封开、惠东、新会、信宜、阳春。

分布：广西、海南、四川、台湾、西藏、云南。孟加拉国（Sylhet，模式标本采集地，*N. Wallich Cat. no. 7344*，K001127203）、不丹、印度、尼泊尔、越南。

生境：混交林下和山谷溪边。

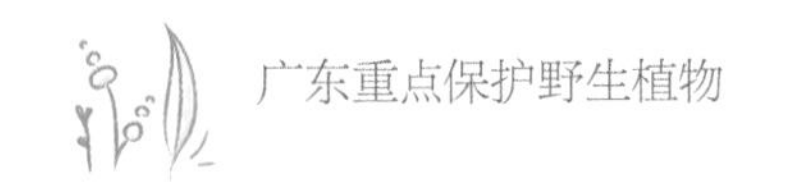

39. 虾脊兰 *Calanthe discolor* Lindl.

濒危等级 IUCN: LC；环境保护部和中国科学院（2013）：LC；广东：VU

形态特征：根状茎不甚明显。假鳞茎具3~4枚鞘和3枚叶。叶在花期全部未展开，倒卵状长圆形至椭圆状长圆形。总状花序，疏生约10朵花；花苞片宿存卵状披针形；萼片和花瓣褐紫色；中萼片为稍斜的椭圆形；侧萼片相似于中萼片；花瓣近长圆形或倒披针形；唇瓣白色，轮廓为扇形；侧裂片镰状倒卵形或楔状倒卵形；中裂片倒卵状楔形；距圆筒形；药帽在前端稍收狭，先端近截形。花期4—5月。

产地：广州、曲江、仁化、乳源、始兴、翁源、新丰、信宜、阳山。

分布：福建、贵州、湖北、江苏、浙江。日本（模式标本采集地，*Zollinger s.n.*，K-LINDL）。

生境：常绿阔叶林下。

40．钩距虾脊兰 *Calanthe graciliflora* Hayata

濒危等级 IUCN: LC；环境保护部和中国科学院（2013）：NT；广东：VU

形态特征：根状茎不明显。假鳞茎短，近卵球形，具3~4枚鞘和3~4枚叶。叶在花期尚未完全展开，椭圆形或椭圆状披针形。总状花序，疏生多数花；花张开；萼片和花瓣在背面褐色，内面淡黄色；中萼片近椭圆形；侧萼片近似于中萼片；花瓣倒卵状披针形；唇瓣浅白色；侧裂片稍斜的卵状楔形；中裂片近方形或倒卵形；距圆筒形；蕊喙2裂，药帽在前端骤然收狭而呈喙状。花期3—5月。

产地：乐昌、仁化、始兴、曲江、乳源、翁源、龙门、博罗、广州、怀集、封开、肇庆、德庆、罗定、信宜、阳春。

分布：安徽、重庆、广西、贵州、香港、湖北、湖南、江西、四川、台湾（模式标本采集地，*U. Mori 15*，TI）、云南、浙江。日本。

生境：山谷溪边、林下阴湿等处。分布点虽较多，但个体数量难以达到1 000株。

41. 乐昌虾脊兰 *Calanthe lechangensis* Z. H. Tsi & T. Tang

濒危等级 IUCN: CR；环境保护部和中国科学院（2013）：EN；覃海宁等（2017）：EN；广东：EN

形态特征：根状茎不明显。假鳞茎粗短，常具3枚鞘和1枚叶。叶在花期尚未展开，宽椭圆形。总状花序，疏生4~5朵花；花苞片宿存，卵状披针形；花浅红色；中萼片卵状披针形；侧萼片稍斜的长圆形，与中萼片等长；花瓣长圆状披针形；唇瓣倒卵状圆形；中裂片宽卵状楔形；距圆筒形；蕊柱上端扩大，无毛；蕊柱翅三角形；药帽前端骤然收狭而呈喙状。花期3—4月。

产地：德庆、广州、乐昌（模式标本采集地，*陈念劬 42571*，PE00027320，PE00027321，PE00270479）、龙门、乳源、新丰、阳山。广东特有种。

生境：山谷密林下。

42. 南方虾脊兰 *Calanthe lyroglossa* Rchb. f.

濒危等级 IUCN: VU；环境保护部和中国科学院（2013）：LC；广东：VU

形态特征：植株地上部分全体无毛。假鳞茎粗短，圆柱状。叶折扇状。总状花序密生许多小花；花黄色；萼片相似，椭圆形或椭圆状披针形；花瓣椭圆形；唇瓣基部与整个蕊柱翅合生；侧裂片短小，半圆形或钝齿状；中裂片较大；距棒状；蕊柱粗短；蕊喙卵状三角形，不裂，先端略钝；药帽前端收窄而呈喙状；蒴果多少倒垂，椭圆状球形。花期 12 月至翌年 2 月。

产地：潮安、河源。

分布：海南、台湾。柬埔寨、印度、日本、老挝、马来西亚、缅甸、菲律宾（Mr. Mabahai Luconiae，模式标本采集地，*Wilkes Expedition s.n.*，GH00106341）、越南。

生境：山谷溪边和林下。

43. 细花虾脊兰 *Calanthe mannii* Hook. f.

濒危等级 IUCN: LC；环境保护部和中国科学院（2013）：LC；广东：VU

形态特征：根状茎不明显。假鳞茎粗短，具2~3枚鞘和3~5枚叶。叶折扇状，倒披针形或有时长圆形。总状花序，疏生或密生10余朵小花；花小；萼片和花瓣暗褐色；中萼片卵状披针形或有时长圆形；侧萼片多少斜卵状披针形；花瓣倒卵状披针形或有时长圆形；唇瓣金黄色，比花瓣短；侧裂片卵圆形或斜卵圆形；中裂片横长圆形或近肾形；距短钝；蕊柱白色；药帽在前端不收狭。花期5月。

产地：平远。

分布：重庆、广西、贵州、湖北、湖南、江西、四川、西藏、云南。不丹、印度（模式标本采集地：*Kumaon*，*J. F. Duthie 5996*，K000810903；*Khasia Hills*，*Clarke 49321*，K000810906）、尼泊尔。

生境：山坡林下。

44. 长距虾脊兰 *Calanthe masuca*（D. Don）Lindl.

濒危等级 IUCN: LC；环境保护部和中国科学院（2013）：LC；广东：VU

形态特征：根状茎不明显。假鳞茎狭圆锥形，无明显的假茎。椭圆形至倒卵形。总状花序，疏生数朵花；花淡紫色；中萼片椭圆形；侧萼片长圆形；花瓣倒卵形或宽长圆形；唇瓣基部与整个蕊柱翅合生；中裂片扇形或肾形；唇盘基部具黄色鸡冠状的小瘤；距圆筒状；蕊柱上端扩大；蕊喙2裂；裂片斜卵状三角形；药帽在前端稍收狭，先端截形。花期4—9月。

产地：博罗、广州、乐昌、连南、连山、连州、龙门、仁化、乳源、汕头、翁源、信宜、阳春、阳山、英德、肇庆。

分布：广西、香港、湖南、台湾、西藏、云南。不丹、印度、印度尼西亚、日本、马来西亚、尼泊尔（模式标本采集地，*Buchanan-Hamilton s.n.*，BM000514496，LINN）、斯里兰卡、泰国。

生境：山坡林下或山谷河边等阴湿处。

备注：Clayton *et al.*（2013）将粉红虾脊兰 *C. masuca* var. *sinensis* Rendle（模式标本采自汕头）并入原变种，并认为 *C. sylvatica* 仅分布在非洲，Chen *et al.*（2009）在 *Flora of China* 分类处理为名称的错误应用。

45．南昆虾脊兰 *Calanthe nankunensis* Z. H. Tsi

濒危等级 IUCN: CR；环境保护部和中国科学院（2013）：LC；覃海宁等（2017）：CR；广东：EN

形态特征：鳞茎粗短，具3枚鞘和2枚叶。假茎长约13cm。叶在花期尚未展开，椭圆形。总状花序，疏生6~7朵花；花苞片宿存，狭披针形；花白色；中萼片长圆形；侧萼片稍斜歪的长圆形；花瓣狭长圆形；唇瓣基部与整个蕊柱翅合生；中裂片倒卵形；距长8~9mm，末端变狭；蕊柱上端扩大，被短毛；蕊柱翅下延到唇瓣基部；蕊喙2裂；药帽在前端收狭呈喙状。花期4月。

产地：增城（南昆山，模式标本采集地，*曾怀德 20184*，IBSC0624524，PE00027319，PE00270522，PE00270523，PE00270524）。广东特有种。

生境：山谷溪边。

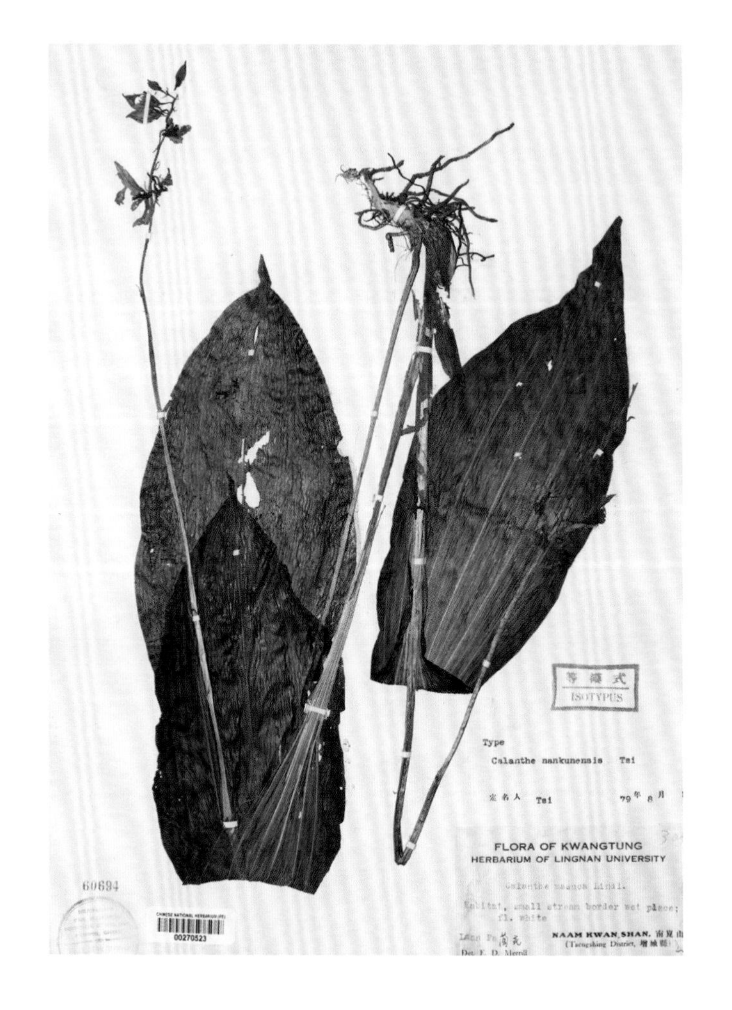

46. 车前虾脊兰 *Calanthe plantaginea* Lindl.

濒危等级 IUCN: EN；环境保护部和中国科学院（2013）：VU；覃海宁等（2017）：VU；广东：EN

形态特征：根状茎不明显。假鳞茎短圆锥形，具4枚鞘和2~4枚叶。叶在花期尚未全部展开，椭圆形。总状花序，具多数花；花苞片宿存，披针形；花淡紫色或白色；中萼片卵状披针形；侧萼片比中萼片稍小，卵状披针形；花瓣长圆形；唇瓣的整体轮廓近扇形；侧裂片斜倒卵状楔形；中裂片近长圆形；距圆筒形，纤细；蕊喙2裂；药帽在前端不收狭，近圆形。

产地：乐昌、龙门、怀集、乳源。

分布：西藏、云南。不丹、印度、尼泊尔（模式标本采集地，*N. Wallich Cat. no. 7346*，K001127205）。

生境：山地常绿阔叶林下。

47. 镰萼虾脊兰 *Calanthe puberula* Lindl.

濒危等级 IUCN: LC；环境保护部和中国科学院（2013）：LC；广东：VU

形态特征：假鳞茎长圆柱形，具 3~4 枚鞘和 4~5 枚叶。叶椭圆形或椭圆状长圆形。总状花序，疏生少数至 10 余朵花；花苞片宿存披针形；花粉红色，张开；中萼片卵状披针形；侧萼片斜卵状披针形；花瓣线形，短于或等长于萼片；唇瓣基部与蕊柱中部以下的蕊柱翅合生；侧裂片长圆状镰形；中裂片菱状椭圆形至倒卵状楔形，无距；侧裂片狭镰状；中裂片尖牙齿状；药帽狭卵状心形。花期 7—8 月。

产地：乳源。

分布：重庆、广西、湖南、四川、西藏、云南、浙江。孟加拉国（*Sylhet*，*N. Wallich Cat. no. 7342*，K001127201）、印度、尼泊尔、越南。

生境：常绿阔叶林下。

48. 反瓣虾脊兰 *Calanthe reflexa* Maxim.

濒危等级 环境保护部和中国科学院（2013）：LC；广东：EN

形态特征：假鳞茎粗短。假茎具4~5枚叶。叶椭圆形。总状花序，疏生许多花；花苞片狭披针形；花粉红色，开放后萼片和花瓣反折并与子房平行；中萼片卵状披针形；侧萼片斜卵状披针形；花瓣线形；唇瓣基部与蕊柱中部以下的翅合生，无距；侧裂片长圆状镰刀形；中裂片近椭圆形或倒卵状楔形；蕊喙3裂；裂片狭镰刀状，中裂片较短而呈尖牙状。花期5—6月。

产地：博罗、乐昌、乳源。

分布：安徽、广西、贵州、湖北、湖南、江西、四川、台湾、云南、浙江。日本（九州岛，模式标本采集地，*C. J. Maximowicz s.n.*，K000810918，K000810919，P00392472），以及朝鲜半岛。

生境：常绿阔叶林下、山谷溪边或生有苔藓的湿石上。

49. 二列叶虾脊兰 *Calanthe speciosa*（Blume）Lindl.

濒危等级 IUCN: EN；环境保护部和中国科学院（2013）：LC；广东：EN

形态特征：植株粗壮。叶2列，长圆状椭圆形，鞘大型，合抱。总状花序在花蕾时为苞片所包而呈圆球状；花苞片膜质，狭披针形；花鲜黄色；萼片卵状披针形；花瓣卵状椭圆形；唇瓣基部与整个蕊柱翅合生；侧裂片近方形或卵状三角形；中裂片扇形或有时近倒卵状楔形；距棒状；蕊柱粗短；蕊喙三角形，不裂；药帽在前端收窄。花期4—10月。

产地：乐昌、连山、深圳。

分布：广西、海南、香港、台湾。印度尼西亚（Java，模式标本采集地，*C. L. Blume s.n.*，L，MO）。

生境：山谷林下阴湿处。

50．三褶虾脊兰 *Calanthe triplicata*（Willemet）Ames

濒危等级 IUCN: LC；环境保护部和中国科学院（2013）：LC；广东：EN

形态特征：根状茎不明显。假鳞茎卵状圆柱形，具3~4枚叶。叶椭圆形或椭圆状披针形。总状花序，密生多数花；花苞片宿存，卵状披针形；花白色或偶见淡紫红色；萼片和花瓣常反折；中萼片近椭圆形；侧萼片稍斜的倒卵状披针形；花瓣倒卵状披针形；侧裂片卵状椭圆形至倒卵状楔形；中裂片深2裂；距白色，圆筒形；蕊喙2裂；裂片近长圆形；药帽在前端稍收狭。花期4—5月。

产地：乐昌、乳源、深圳、台山、信宜。

分布：福建、广西、海南、香港、台湾、云南。不丹、印度、印度尼西亚（Maluku，Amboina，模式标本采集地）、日本、马来西亚、菲律宾、越南、马达加斯加、澳大利亚，以及太平洋岛屿。

生境：常绿阔叶林下。

51. 银兰 *Cephalanthera erecta*（Thunb.）Blume

濒危等级 环境保护部和中国科学院（2013）：LC；广东：EN；陕西省重点保护野生植物

形态特征：地生草本，高10~30cm。茎纤细，下部具2~4枚鞘。叶片椭圆形至卵状披针形。总状花序，具3~10朵花；花苞片通常较小，狭三角形至披针形，但最下面一枚常为叶状；花白色；萼片长圆状椭圆形；花瓣与萼片相似，稍短；侧裂片卵状三角形或披针形；中裂片近心形或宽卵形；距圆锥形，伸出侧萼片基部之外。蒴果狭椭圆形或宽圆筒形。花期4—6月，果期8—9月。

产地：乐昌、连州、乳源。

分布：安徽、广西、甘肃、贵州、湖北、江西、陕西、四川、台湾、浙江。日本（Kutjinawa，模式标本采集地，*Thunberg 21322*，UPS），以及朝鲜半岛。

生境：常绿阔叶林下或灌丛中。

52. 南岭头蕊兰 *Cephalanthera erecta* var. *oblanceolata* N. Pearce & P. J. Cribb

濒危等级 环境保护部和中国科学院（2013）：DD；广东：EN；Hu *et al.*（2009）: CR

形态特征：地生草本。根状茎短，不明显。根簇生，直径 2~3mm。茎柔弱，具微棱，无毛，基部具棕色圆柱形的鞘。叶 3~6 枚，纸质，无柄，椭圆形至披针形。总状花序，3~5 朵花；花苞片明显比具梗的子房短；花梗和子房绿色，无毛，棒状，微具棱。花白色，近直立，花被近辐射对称；花萼舟状，近长圆形；花瓣倒卵形，顶端钝圆，基部有爪；蕊柱直立，退化雄蕊 2 枚，舌状。花期 4—5 月（Hu *et al.*，2009）。

产地：乳源。

分布：重庆、广西、云南。不丹（Punakha district，between Mishichen and Khosa. Kanai Murata，Ohashi，模式标本采集地，*Tanaka & Yamazaki 13575*，TI）、尼泊尔。

生境：在海拔 700~1 500m 的常绿阔叶林林缘（Hu *et al.*，2009）。

备注：Hu *et al.*（2009）发表的南岭头蕊兰 *Cephalanthera nanlingensis* A. Q. Hu & F. W. Xing 被认为是本种的异名（金效华 等，2018）。

53. 金兰 *Cephalanthera falcata*（Thunb.）Blume

濒危等级 环境保护部和中国科学院（2013）：LC；广东：EN

形态特征：地生草本。茎直立，下部具 3~5 枚长 1~5cm 的鞘。叶 4~7 枚；叶片椭圆形、椭圆状披针形或卵状披针形。总状花序，通常有 5~10 朵花；花苞片很小；花黄色，直立，稍微张开；萼片菱状椭圆形；花瓣与萼片相似，较短；唇瓣 3 裂，基部有距；侧裂片三角形；中裂片近扁圆形；距圆锥形，明显伸出侧萼片基部之外，先端钝。蒴果狭椭圆状。花期 4—5 月，果期 8—9 月。

产地：连山、乳源。

分布：安徽、广西、贵州、湖北、湖南、江苏、江西、四川、浙江。日本（模式标本采集地），以及朝鲜半岛。

生境：林下、灌丛中、草地上或沟谷旁。

54. 铃花黄兰 *Cephalantheropsis halconensis*（Ames）S. S. Ying

濒危等级 广东：CR

形态特征：茎直立，圆柱形，长 30~40cm，具数个疏离的节间。叶通常 5 枚，互生于茎的上部，长圆形。花葶侧生于茎的下部，直立或斜立，纤细。总状花序，通常疏生 10 余朵花；花苞片早落；花白色；萼片相似，卵状披针形；花瓣卵状长圆形；唇瓣淡黄色，贴生于蕊柱足基部，无距；侧裂片直立，长圆形；中裂片从基部向先端扩大而成横长圆形。花期 10—11 月。

产地：信宜。

分布：台湾。菲律宾（Mount Halcon，模式标本采集地，*Merrill 5513*）。

生境：密林下阴湿处。

55. 黄兰 *Cephalantheropsis obcordata*（Lindl.）Ormerod

濒危等级 环境保护部和中国科学院（2013）：NT；广东：VU

形态特征：茎直立，圆柱形，具多数节。叶 5~8 枚，互生于茎上部，纸质，长圆形或长圆状披针形。花序轴疏生多数花；花苞片狭披针形；花青绿色或黄绿色；萼片和花瓣反折；中萼片椭圆状披针形或卵状披针形；花瓣卵状椭圆形；唇瓣的轮廓近长圆形；侧裂片近三角形；中裂片近肾形；柱头近顶生；药帽前端不伸长，先端截形。花期 9—12 月，果期 11 月至翌年 3 月。

产地：博罗、封开、怀集、惠东、龙门、罗定、信宜、阳春、肇庆。

分布：福建、海南、香港、台湾、云南。孟加拉国（Sylhet，模式标本采集地，*N. Wallich s.n.*，K）、印度、印度尼西亚、日本、老挝、马来西亚、缅甸、菲律宾、泰国、越南。

生境：密林下。

56. 叉柱兰 *Cheirostylis clibborndyeri* S. Y. Hu & Barretto

濒危等级 广东：DD

形态特征：植株直立。茎直立，具3~5枚叶。叶片卵形，先端急尖，基部心形，全缘；叶柄及鞘粉红色至红色，无毛。花茎顶生，粉红色，具柔毛。总状花序，具5~7朵花，花序轴密生粗毛，花序之下具1~2枚鞘状苞片，鞘状苞片披针形；花苞片卵状披针形，先端急尖，基部具鞘；花白色，带粉红色；萼片合生成筒状，先端3裂，裂片三角形，带粉红色；花瓣卵形至卵状披针形，白色，先端钝，无毛；唇瓣长圆形，白色，不伸出于萼筒外；蕊柱短；花粉团具粘盘。花期4月。

产地：深圳。

分布：香港、台湾（太平山顶，模式标本采集地，*Ronld Clibborndyer 13055*，PE00271157）。中国特有种。

生境：山地林下。个体极少见。

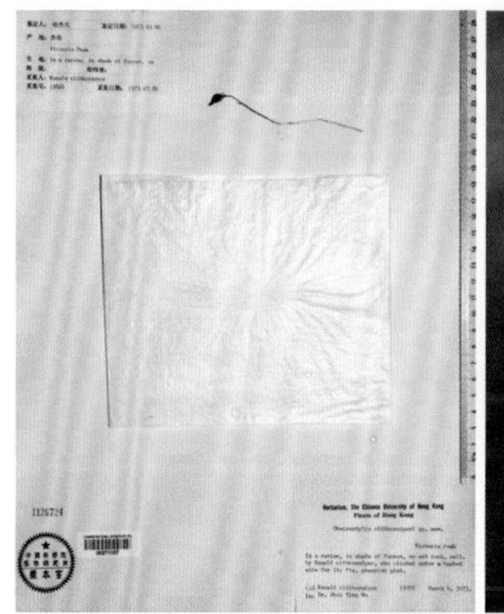

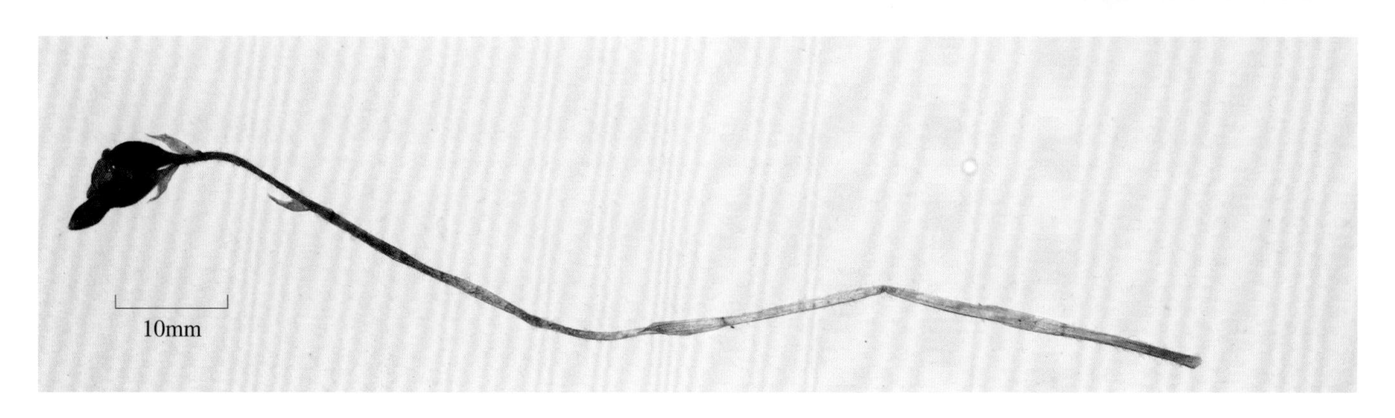

57. 琉球叉柱兰 *Cheirostylis liukiuensis* Masam.

濒危等级 广东：DD

形态特征：植株直立。茎直立，具3~4枚叶。叶片卵形至卵状圆形，先端急尖，基部圆形或略成心形；叶柄基部略扩大成抱茎的鞘。花茎顶生，被毛。总状花序，具5~9朵花；花苞片卵形，凹陷，先端渐尖，常较子房稍长；子房圆柱状纺锤形。花多侧向开放；萼片白色略带红褐色，下部的2/3处合生成筒状，萼筒展上部3裂；花瓣白色，斜长圆形至倒披针形，先端钝；唇瓣白色，呈T形，基部稍凹陷呈浅囊状；蕊柱短，具2枚长臂状附属物；花粉团共具1个狭长的粘盘。花期1—2月。

产地：深圳。

分布：香港、台湾。日本（琉球群岛，模式标本采集地，*Masamune s.n.*，TI）。

生境：山坡树林下或竹林内。

58．云南叉柱兰 *Cheirostylis yunnanensis* Rolfe

濒危等级 环境保护部和中国科学院（2013）：LC；广东：EN

形态特征：根状茎匍匐，具节，呈毛虫状。茎圆柱形，直立或近直立，淡绿色，基部具2~3枚叶。叶片卵形，绿色。花茎顶生，具3~4枚鞘状苞片。总状花序，具2~5朵花；花苞片卵形；花小；萼片长近中部合生成筒状，分离部分为三角状卵形；花瓣白色，膜质，狭倒披针状长圆形；唇瓣白色，直立，基部稍扩大，囊状；蕊柱短；柱头2个，位于蕊喙的基部两侧。花期3—4月。

产地：连州、英德。

分布：广西、贵州、海南、湖南、四川、香港、云南（蒙自，模式标本采集地，*W. Hancock 25*，K000942811）。印度、缅甸、泰国、越南。

生境：山坡、沟旁林下阴处或覆有土的岩石上。

59. 广东异型兰 *Chiloschista guangdongensis* Z. H. Tsi

濒危等级 环境保护部和中国科学院（2013）：CR；中国高等植物红色名录（2017）：CR；广东：CR

形态特征：茎很短，具许多扁平、长而弯曲的根，无叶。总状花序，疏生数朵花，下垂；花苞片膜质，卵状披针形；花黄色，无毛；中萼片卵形，先端圆形；侧萼片近椭圆形，先端圆形；花瓣相似于中萼片而稍较小；唇瓣以 1 个关节与蕊柱足末端连接，3 裂；侧裂片直立，半圆形；中裂片卵状三角形；药帽两侧边缘各具 1 条丝状附属物。蒴果圆柱形。花期 4 月，果期 5—6 月。

产地：福建、乳源（模式标本，*高锡朋 54132*，IBSC0005410）、阳山。

分布：广西。中国特有种。

生境：山地常绿阔叶林中树干上。

60. 大序隔距兰 *Cleisostoma paniculatum*（Ker Gawl.）Garay

濒危等级 环境保护部和中国科学院（2013）：LC；广东：VU

形态特征：茎直立，扁圆柱形。叶革质，多数，紧靠，二列互生，扁平，狭长圆形或带状。花序生于叶腋；圆锥花序具多数花；花苞片小，卵形；花开展，萼片和花瓣在背面黄绿色；中萼片近长圆形；侧萼片斜长圆形；花瓣比萼片稍小；唇瓣黄色；中裂片肉质；距黄色，圆筒状；蕊柱粗短；药帽前端截形并且具3个缺刻。花期5—9月。

产地：博罗、大埔、乐昌、连山、曲江、乳源、深圳、始兴、英德。

分布：福建、广西、贵州、海南、香港、江西、四川、台湾、云南。印度、泰国、越南。模式标本采自中国。

生境：常绿阔叶林中树干上或沟谷林下岩石上。

保育现状：大序隔距兰种群曾普遍存在于低海拔次生林中，但随着山区旅游业的开发及其观赏价值与药用价值的发掘，导致其野生资源被破坏，种群数量日益减少，现已成为国家重点保护的濒危野生植物。

61. 短茎隔距兰 *Cleisostoma parishii*（Hook. f.）Garay

濒危等级 环境保护部和中国科学院（2013）：LC；广东：EN

形态特征：茎粗短。叶2列，扁平。花序从茎的中部或下部叶腋发出。总状花序或圆锥花序，疏生多数花；花苞片小，卵状三角形；萼片和花瓣浅白色，带紫晕；中萼片近长圆形；侧萼片稍斜卵圆形；花瓣相似于中萼片而较小，先端钝；唇瓣3裂；侧裂片直立，近圆形；中裂片紫色，三角形；裂片近线形；距角状；侧裂片短壮，中裂片向基部变窄；蕊柱淡紫色；药帽前端圆形。花期4—5月。

产地：乳源、翁源。

分布：广西、海南、江苏。缅甸。

生境：常绿阔叶林中树干上。

62. 尖喙隔距兰 *Cleisostoma rostratum*（Lodd. ex Lindl.）Garay

濒危等级 环境保护部和中国科学院（2013）：LC；广东：VU

形态特征：茎伸长，近圆柱形，具多节。叶2列，扁平，狭披针形。花序对生于叶，出自茎上部。总状花序，多花，疏生；花苞片很小，卵状三角形；萼片和花瓣黄绿色带紫红色条纹；中萼片近椭圆形；侧萼片稍斜倒卵形；花瓣近长圆形；唇瓣紫红色；中裂片狭卵状披针形；距近似漏斗；蕊柱翅在蕊柱上端稍扩展；蕊喙狭三角形；药帽在前端伸长为长约1.5mm的喙。花期7—8月。

产地：深圳。

分布：广西、贵州、海南、香港、云南。老挝、泰国、越南。模式标本采自中国。

生境：常绿阔叶林中树干上和阴湿岩石上。

63．广东隔距兰 *Cleisostoma simondii*（Gagnep.）Seidenf. var. *guangdongense* Z. H. Tsi

濒危等级　环境保护部和中国科学院（2013）：VU；覃海宁等（2017）：VU；广东：EN

形态特征：植株通常上举。叶2列，互生，细圆柱形。花序侧生，总状花序或圆锥花序，具多数花；花苞片膜质，卵形；花近肉质，黄绿色；萼片和花瓣稍反折；花瓣相似于萼片而较小，先端钝；唇瓣中裂片浅黄白色，距内背壁上方的胼胝体为中央凹陷的四边形，其四个角呈短角状均向前伸；侧裂片直立，三角形；中裂片紫色，卵状三角形；距近球形；蕊柱基部前方密生白色髯毛；蕊喙膜质，伸出蕊柱翅之外；药帽前端稍伸长。花期9月。

产地：博罗、深圳。

分布：澳门、福建、海南（陵水铜甲，模式标本采集地，*左景烈，陈念劬 44273*，IBSC0625089，IBSC0625091，PE00271324，PE00271326）、香港。中国特有种。

生境：常绿阔叶林中树干上或林下岩石上。

64. 红花隔距兰 *Cleisostoma williamsonii*（Rchb. f.）Garay

濒危等级 环境保护部和中国科学院（2013）：LC；广东：EN

形态特征：植株通常悬垂。茎细圆柱形，具多数互生的叶。叶肉质，圆柱形，伸直或稍弧曲。花序侧生，比叶长，总状花序或圆锥花序，密生许多小花；花苞片小，卵状披针形；花粉红色；中萼片卵状椭圆形；侧萼片斜卵状椭圆形；花瓣长圆形；唇瓣深紫红色，3裂；侧裂片直立，舌状长圆形，向前伸，先端钝；中裂片狭卵状三角形；药帽前端不伸长。花期4—6月。

产地：高州、云浮、肇庆。

分布：广西、海南、香港、贵州、云南。不丹、印度（模式标本采集地）、印度尼西亚、马来西亚、泰国、越南。

生境：山地林中树干上或山谷林下岩石上。

65. 流苏贝母兰 *Coelogyne fimbriata* Lindl.

濒危等级 环境保护部和中国科学院（2013）：LC；广东：NT

形态特征：根状茎较细长，匍匐。假鳞茎狭卵形至近圆柱形，顶端生 2 枚叶。叶长圆形或长圆状披针形，纸质。总状花序，常具 1~2 朵花；花苞片早落；花淡黄色或近白色；萼片长圆状披针形；花瓣丝状或狭线形；唇瓣卵形；侧裂片近卵形，顶端多少具流苏；中裂片近椭圆形，边缘具流苏；唇盘基部有 1 条短褶片；褶片上均有不规则波状圆齿。蒴果倒卵形。花期 8—10 月，果期翌年 4—8 月。

产地：博罗、大埔、封开、广州、怀集、惠阳、乐昌、连南、连平、龙门、乳源、深圳、始兴、翁源、新丰、信宜、阳春、英德、肇庆。

分布：澳门、广西、海南、香港、江西、西藏、云南。不丹、柬埔寨、印度、印度尼西亚、缅甸、尼泊尔、老挝、马来西亚、泰国、越南。模式标本采自中国的广州或澳门（K000079258）。

生境：溪旁岩石上或林中、林缘树干上。

66. 吻兰 *Collabium chinense*（Rolfe）Tang & F. T. Wang

濒危等级 环境保护部和中国科学院（2013）：LC；广东：EN

形态特征：假鳞茎细圆柱形，貌似叶柄。叶纸质。总状花序，疏生4~7朵花；花苞片卵状披针形；花中等大；萼片和花瓣绿色；中萼片长圆状披针形；侧萼片略呈镰状长圆形；花瓣长圆形；唇瓣白色，倒卵形；侧裂片小，卵形，先端钝；中裂片近扁圆形；唇盘在两侧裂片之间具2条新月形的褶片并延伸至基部的爪上；距圆筒形；蕊柱黄色，基部具蕊柱足。花期7—11月。

产地：大埔、乐昌、英德、肇庆（鼎湖山，模式标本采集地，*H. F. Hance 17733*，BM000090315）。

分布：福建、广西、海南、香港、台湾、西藏、云南。泰国、越南。

生境：山谷密林下阴湿处或沟谷阴湿岩石上。

67. 南方吻兰 *Collabium delavayi*（Gagnep.）Seidenf.

濒危等级　广东：EN

形态特征：根状茎不分枝。叶片卵状长圆形。花序小，具4~7朵花；花苞片卵状长圆形。花白色带紫色顶端，黄色带红线条或紫色；中萼片倒卵形至线状披针形，侧萼片大小和形状不等；花瓣与萼片同形，稍呈镰状；唇瓣3裂；蕊柱顶端截平，蕊柱足囊状。花期6月或11月。

产地：乳源、阳春。

分布：广西、贵州、湖北、湖南、云南（模式标本采集地，*Delavay s.n.*）。中国特有种。

生境：山坡密林下或溪流、沟谷林下岩石边。

68. 蛤兰 *Conchidium pusillum* Griff.

濒危等级 环境保护部和中国科学院（2013）：LC；覃海宁等（2017）：VU；广东：EN

形态特征：又名对茎毛兰。植株矮小，高2~3cm。根状茎细长，被灰白色膜质鞘，每隔2~5cm着生一对假鳞茎。假鳞茎，近半球形。叶2~3枚，从对生的假鳞茎之间发出，倒卵状披针形、倒卵形或近椭圆形。花序从叶内侧发出，纤细，具1~2朵花；花苞片较大；中萼片卵形；侧萼片三角形；萼囊较长，内弯；花瓣与中萼片近相似，但较窄；唇瓣披针形，不裂，基部收狭，先端渐尖，边缘具细缘毛。花期10—11月。

产地：深圳、信宜。

分布：福建、广西、香港、西藏、云南。印度（Assam，模式标本采集地，*W. Griffith 666*，K000960004）、缅甸、泰国、越南。

生境：密林中阴湿岩石上。

69. 翅柱杜鹃兰 *Cremastra appendiculata*（D. Don）Makino var. *variabilis*（Blume）I. D. Lund

濒危等级 环境保护部和中国科学院（2013）：LC；广东：EN

形态特征：假鳞茎卵球形或近球形。叶通常1枚，生于假鳞茎顶端，狭椭圆形、近椭圆形或倒披针状狭椭圆形。总状花序，具5~22朵花；花苞片披针形至卵状披针形；花常偏花序一侧；萼片倒披针形；侧萼片略歪斜；花瓣倒披针形或狭披针形；唇瓣上肉质突起较小而平滑，蕊柱上部腹面有狭翅；侧裂片近线形；中裂片卵形至狭长圆形；蕊柱细长，顶端略扩大。蒴果近椭圆形，下垂。花期5—6月，果期9—12月。

产地：连州、乳源。

分布：安徽、重庆、甘肃、广西、贵州、河南、湖北、湖南、江苏、江西、陕西、山西、四川、浙江。日本（模式标本采集地，*P. F. von Siebold s.n.*，L0059265，L0061166）、泰国、越南，以及朝鲜半岛。

生境：林下湿地或沟边湿地上。

保育现状：翅柱杜鹃兰具有较高的药用价值，长期被大量采挖，且物种繁殖速度限制及生长环境破坏，使其野生资源数量锐减而濒临灭绝（韦红边 等，2017）。可以靠假鳞茎分株繁殖。

70．二脊沼兰 *Crepidium finetii*（Gagnep.）S. C. Chen & J. J. Wood

濒危等级 环境保护部和中国科学院（2013）：LC；广东：EN

形态特征：地生草本。肉质茎具数节。叶通常4枚，卵形、卵状长圆形或卵状披针形。总状花序，具20朵或更多花；花绿黄色；中萼片长圆形或狭卵状长圆形；侧萼片狭卵状长圆形；花瓣狭线形或近丝状；唇瓣近卵状三角形，不裂；蕊柱直立。蒴果椭球形。花果期7—9月。

产地：深圳、阳春、肇庆。

分布：海南。越南（模式标本采集地，*Lecomte & Finet 1161*，P00404608）。

生境：次生林林下。

71. 深裂沼兰 *Crepidium purpureum*（Lindl.）Szlach.

濒危等级 广东：DD

形态特征：地生草本。肉质茎具数节，包藏于叶鞘之内。叶通常 3~4 枚，斜卵形或长圆形。花葶直立，长 15~25cm，近无翅。总状花序，具 10~30 朵或更多花；花红色或偶见浅黄色；中萼片近长圆形；侧萼片宽长圆形或宽卵状长圆形；花瓣狭线形；唇瓣近卵状矩圆形，先端 2 深裂；蕊柱粗短。花期 6—7 月。

产地：深圳。广东分布新记录。

分布：广西、四川、云南。印度、菲律宾、斯里兰卡（模式标本采集地）、泰国、越南。

生境：林下或灌丛中阴湿处。

72. **玫瑰宿苞兰** *Cryptochilus roseus*（Lindl.）S. C. Chen & J. J. Wood

濒危等级 广东：NT

形态特征：又名玫瑰毛兰。根状茎粗壮；假鳞茎密集或膨大成卵形，外面包被4枚鞘，顶端着生1枚叶。叶厚革质，披针形或长圆状披针形。花序从假鳞茎顶端发出，与叶近等长，中上部疏生2~5朵花；花白色或淡红色；中萼片卵状长圆形；侧萼片三角状披针形；花瓣近菱形；唇瓣轮廓为倒卵状椭圆形或近卵形；蕊柱顶端稍膨大；药帽半球形；花粉团倒卵形，扁平，褐色。蒴果圆柱形。花期1—2月，果期3—4月。

产地：深圳、台山。广东分布新记录。

分布：海南、香港。中国特有种。本种的模式标本为J. D. Parks 于1824年采自中国并栽培于Chiswick Garden，目前存放于法国自然历史博物馆（P00403678）。

生境：密林中，附生于树干或岩石上。

73. 隐柱兰 *Cryptostylis arachnites*（Blume）Blume

濒危等级 环境保护部和中国科学院（2013）：LC；广东：EN

形态特征：植株高 17~50cm。根状茎粗短，具多条根；根粗厚，肉质。叶 2~3 枚，基生，叶片椭圆状卵形或椭圆形。花葶从叶基部抽出，直立，总状花序，具 10~20 朵花；花苞片直立伸展，披针形，最下部的略长于或等长于子房；花较大，萼片线状披针形，黄绿色；花瓣线形，黄绿色；唇瓣位于上方，长椭圆状披针形、长椭圆状卵形或披针状卵形；蕊柱粗短。花期 5—6 月。

产地：肇庆。

分布：广西、海南、湖南、香港、台湾。柬埔寨、印度、印度尼西亚（Java，模式标本采集地，*C. L. Blume 323*，L0059262，U0074227，S07-558）、老挝、马来西亚、缅甸、新几内亚、菲律宾、斯里兰卡、泰国、越南。

生境：山坡常绿阔叶林或竹林下。

74. 纹瓣兰 *Cymbidium aloifolium*（L.）Sw.

濒危等级 广东：DD

形态特征：附生植物。假鳞茎卵球形，通常包藏于叶基之内。叶4~5枚，带形，厚革质，先端不等的2圆裂或2钝裂。花葶从假鳞茎基部穿鞘而出，下垂。总状花序，具15~35朵花；萼片与花瓣淡黄色至奶黄色，中央有1条栗褐色宽带和若干条纹，唇瓣白色或奶黄色而密生栗褐色纵纹；萼片狭长圆形至狭椭圆形；唇瓣近卵形，3裂；侧裂片超出蕊柱与药帽之上，中裂片外弯；蕊柱略向前弧曲。蒴果长圆状椭圆形。花期4—5月，偶见10月。

产地：清远、信宜。

分布：广西、香港、江西、贵州、云南。孟加拉国、柬埔寨、印度（模式标本采集地）、印度尼西亚、老挝、马来西亚、缅甸、尼泊尔、斯里兰卡、泰国、越南。

生境：疏林中、灌丛中树上或溪谷旁岩壁上。

75. 冬凤兰 *Cymbidium dayanum* Rchb. f.

濒危等级 环境保护部和中国科学院（2013）：VU；覃海宁等（2017）：VU；广东：EN

形态特征：附生植物。假鳞茎近梭形，稍压扁。叶4~9枚，带形，坚纸质，暗绿色。花葶自假鳞茎基部穿鞘而出。总状花序，具5~9朵花；花直径4~5cm；萼片与花瓣白色或奶黄色，侧裂片则密具栗色脉，褶片呈白色或奶黄色；萼片狭长圆状椭圆形；花瓣狭卵状长圆形；唇瓣近卵形；侧裂片与蕊柱近等长；中裂片外弯。蒴果椭圆形。花期8—12月。

产地：信宜。

分布：福建、广西、海南、台湾、云南。柬埔寨、印度（Assam，模式标本采集地，*J. Day s.n.*，K000838849）、印度尼西亚、日本、老挝、马来西亚、缅甸、菲律宾、泰国、越南。

生境：疏林中树上或溪谷旁岩壁上。

76. 独占春 *Cymbidium eburneum* Lindl.

濒危等级 覃海宁等（2017）：EN；广东：CR

形态特征：附生植物。假鳞茎近梭形或卵形，包藏于叶基之内。叶6~11枚。花葶从假鳞茎下部叶腋发出。总状花序，具1~2(~3)朵花；萼片与花瓣白色；萼片狭长圆状倒卵形；花瓣狭倒卵形；唇瓣近宽椭圆形，略短于萼片，3裂；中裂片稍外弯；唇盘上2条纵褶片汇合为一，从基部延伸到中裂片基部，上面生有小乳突和细毛；蕊柱两侧有狭翅。蒴果近椭圆形。花期2—5月。

产地：信宜。

分布：广西、海南、云南。印度（模式标本采集地，*Loddiges s.n.*，K000857142）、缅甸、尼泊尔。

生境：溪谷旁的岩石上。

77. 建兰 *Cymbidium ensifolium*（L.）Sw.

濒危等级 环境保护部和中国科学院（2013）：VU；覃海宁等（2017）：VU；广东：VU

形态特征：地生植物。假鳞茎卵球形。叶 2~4（~6）枚，带形。花葶从假鳞茎基部发出。总状花序，具 3~9（~13）朵花；花通常为浅黄绿色而具紫斑；萼片近狭长圆形或狭椭圆形；侧萼片常向下斜展；花瓣狭椭圆形或狭卵状椭圆形；唇瓣近卵形；侧裂片直立，上面有小乳突；中裂片较大；唇盘上 2 条纵褶片从基部延伸至中裂片基部；稍向前弯曲，两侧具狭翅。蒴果狭椭圆形。花期 6—10 月。

产地：博罗、大埔、封开、广州（后选模式标本采集地，*Osbeck s.n.*，LINN 1062.10）、惠东、乐昌、连南、连平、连山、连州、龙门、南雄、曲江、仁化、乳源、深圳、始兴、翁源、新丰、信宜、阳春、英德、肇庆、珠海。

分布：安徽、福建、广西、贵州、海南、香港、湖南、江西、四川、台湾、云南、浙江。东南亚、南亚，以及日本。

生境：疏林下、灌丛中、山谷旁或草丛中。野生建兰大多生长在气候温暖湿润的地区，冬季怕冻。喜温暖湿润和半阴环境，耐寒性差，不耐水涝和干旱，生于宜疏松肥沃和排水良好的腐叶上。

保育现状：建兰具有很高的观赏价值，其分布点虽较多，但个体数量少，且为民间采集售卖对象，野生种群数量急剧减少。主要靠分株繁殖。

78. 蕙兰 *Cymbidium faberi* Rolfe

濒危等级 环境保护部和中国科学院（2013）：LC；广东：EN；陕西省重点保护野生植物

形态特征：地生草本。假鳞茎不明显。叶 5~8 枚，带形，基部常对折而呈 V 形。花葶从叶丛基部最外面的叶腋抽出。总状花序，具 5~11 朵或更多的花；花苞片线状披针形；花常为浅黄绿色，唇瓣有紫红色斑；萼片近披针状长圆形或狭倒卵形；唇瓣长圆状卵形；侧裂片直立；中裂片强烈外弯；唇盘上 2 条纵褶片从基部上方延伸至中裂片基部。蒴果近狭椭圆形。花期 3—5 月。

产地：乐昌、连州、乳源。

分布：安徽、福建、甘肃、广西、贵州、河南、湖北、湖南、江西、陕西、四川（巫山县，模式标本采集地，*A. Henry 5515*，K000838839）、台湾、西藏、云南、浙江（天台县，模式标本采集地，*E. Faber 94*，NY00008688，K000838841）。印度、尼泊尔。

生境：湿润但排水良好的透光处。

保育现状：蕙兰具有很高的观赏价值、药用价值及香用价值，同时，蕙兰在我国具有非常高的文化价值。由于个体数量少，且为民间采集售卖对象，数量急剧减少，目前野外几乎难觅踪影。

79. 飞霞兰 *Cymbidium feixiaense* F. C. Li

濒危等级 广东：DD

形态特征：腐生草本，无叶。根状茎横生，长卵形，稍压扁，墨绿色；根粗厚。花葶侧生，直立，淡绿色，下部具鞘；叶鞘6枚，紫褐色，抱茎；苞片披针形或条状披针形，紫褐色。总状花序，具花8朵，疏生；花下垂，紫红色；中萼片卵形，先端渐尖；侧萼片披针形，先端短尖；唇瓣长圆形，先端3裂；中裂片向外反卷，唇盆上面具2条褶片，深紫色；花瓣卵形，先端急尖；合蕊柱黄白色，上部花药开花时脱落；花粉块黄色，粘盆及柄明显；子房圆筒形，具纵沟。花期7月。

产地：清远（飞霞山，模式标本采集地，*李富潮 0702*，GZED）。广东特有种。

生境：海拔200~300m的林下。

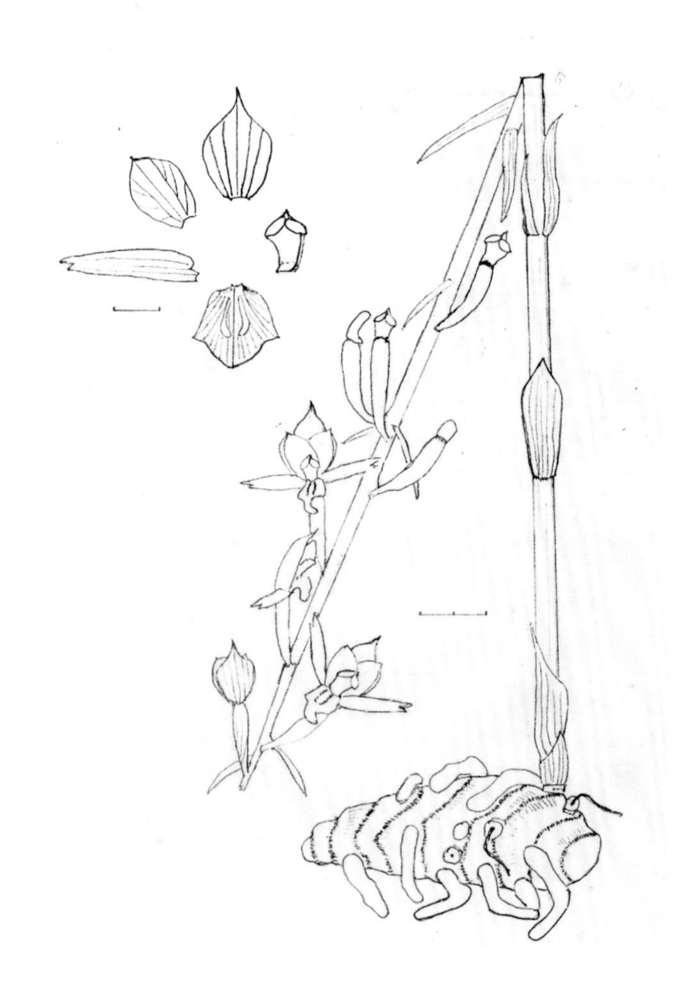

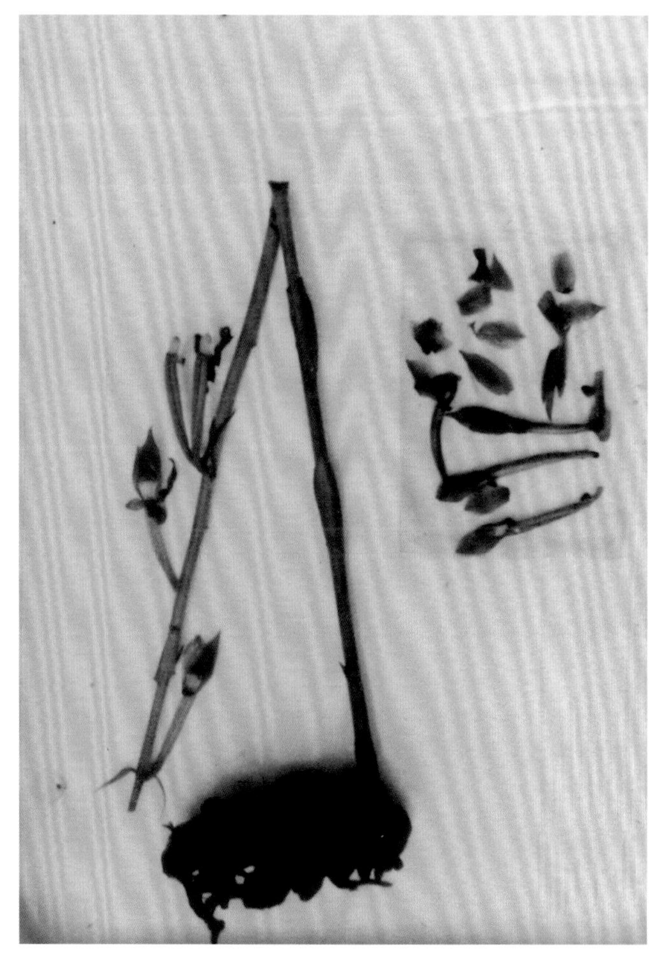

80. 多花兰 *Cymbidium floribundum* Lindl.

濒危等级 环境保护部和中国科学院（2013）：VU；覃海宁等（2017）：VU；广东：VU

形态特征：附生植物。假鳞茎近卵球形，稍压扁，包藏于叶基之内。叶通常 5~6 枚，带形。花葶自假鳞茎基部穿鞘而出；总状花序，通常具 10~40 朵花；花苞片小；花较密集；萼片与花瓣红褐色或唇瓣白色，而在侧裂片与中裂片上有紫红色斑；萼片狭长圆形；花瓣狭椭圆形；唇瓣近卵形；侧裂片直立；中裂片稍外弯；唇盘上有 2 条纵褶片。蒴果近长圆形。花期 4—8 月。

产地：博罗、广州、蕉岭、乐昌、连南、连州、龙门、罗定、乳源、信宜、阳春、阳山、肇庆。

分布：福建、广西、贵州、湖北、湖南、江西、四川、台湾、云南、浙江。

生境：林中或林缘树上，或溪谷旁透光的岩石上、岩壁上。

保育现状：多花兰具有很好的观赏价值，其分布点虽较多，但个体数量难以达 1 000 株。另外，由于人为采挖及生境的破坏，野外资源急剧减少。主要靠分株繁殖。

81．春兰 *Cymbidium goeringii*（Rchb. f.）Rchb. f.

濒危等级 环境保护部和中国科学院（2013）：VU；覃海宁等（2017）：VU；广东：EN；陕西省重点保护野生植物

形态特征：地生植物。假鳞茎较小，卵球形。叶 4~7 枚，带形，下部常多少对折而呈 V 形，边缘无齿或具细齿。花葶从假鳞茎基部外侧叶腋中抽出，明显短于叶；花序常具单花；花苞片长而宽；花色泽变化较大；萼片近长圆形至长圆状倒卵形；花瓣倒卵状椭圆形至长圆状卵形；唇瓣近卵形，不明显 3 裂；侧裂片直立；中裂片较大。蒴果狭椭圆形。花期 1—3 月。

产地：乐昌、曲江。

分布：台湾、福建、江西、浙江、江苏、安徽、河南、湖北、湖南、陕西、甘肃、广西、贵州、四川、云南。日本（模式标本采集地，*Goring 592*），以及朝鲜半岛。

生境：多石山坡、林缘、林中透光处。

保育现状：春兰具有很好的观赏价值，在自然条件下春兰的种子萌发率低，民间常有人采集并售卖，导致春兰野生资源日益枯竭。主要采用分株繁殖。

82. 寒兰 *Cymbidium kanran* Makino

濒危等级 环境保护部和中国科学院（2013）：VU；覃海宁等（2017）：VU；广东：EN

形态特征：地生植物。假鳞茎狭卵球形，包藏于叶基之内。叶 3~5（~7）枚，带形。花葶发自假鳞茎基部。总状花序，疏生 5~12 朵花；花苞片狭披针形；花常为淡黄绿色而具淡黄色唇瓣，常有浓烈香气；萼片近线形或线状狭披针形；花瓣常为狭卵形或卵状披针形；唇瓣近卵形；侧裂片直立；中裂片较大，外弯；唇盘上 2 条纵褶片从基部延伸至中裂片基部。蒴果狭椭圆形。花期 8—12 月。

产地：博罗、广州、乐昌、连州、曲江、乳源、翁源、英德、新丰、信宜。

分布：安徽、福建、广西、贵州、海南、香港、湖南、江西、四川、台湾、云南、浙江。日本（Musashi，模式标本采集地，*T. Makino s.n.*，MAK）、朝鲜。

生境：林下、溪谷旁，或者稍荫蔽、湿润、多石之土壤上。

保育现状：寒兰具有很好的观赏价值，其分布点虽较多，但种子萌发率低，个体数量较稀少，再加上人为采挖及生境破坏，导致寒兰野生资源日益枯竭。主要采用分株繁殖。

83．兔耳兰 *Cymbidium lancifolium* Hook.

濒危等级　环境保护部和中国科学院（2013）：LC；广东：VU

形态特征：半附生植物。假鳞茎近扁圆柱形或狭梭形，有节，顶端聚生 2~4 枚叶。叶倒披针状长圆形至狭椭圆形。花葶从假鳞茎下部侧面节上发出；花序具 2~6 朵花，较少减退为单花或具更多的花；花苞片披针形；花通常白色至淡绿色，唇瓣上有紫栗色斑；萼片倒披针状长圆形；唇瓣近卵状长圆形；侧裂片直立；唇盘上 2 条纵褶片从基部上方延伸至中裂片基部。蒴果狭椭圆形。花期 5—8 月。

产地：广州、曲江、连平、连州、乳源、翁源、阳春、英德。

分布：福建、广西、贵州、海南、香港、湖南、四川、台湾、西藏、云南、浙江。不丹、柬埔寨、印度、印度尼西亚、日本、老挝、马来西亚、缅甸、尼泊尔（模式标本采集地，*N. Wallich s.n.*，K000395361）、新几内亚、泰国、越南。

生境：林缘、阔叶林、竹林下，或者溪谷旁的岩石、树上。

保育现状：兔耳兰具有很好的观赏价值。人为采挖及生境的破坏是其濒危的主要原因，传粉昆虫中华蜜蜂的数量减少也是兔耳兰数量减少的原因。主要采用分株繁殖。

84．硬叶兰 *Cymbidium mannii* Rchb. f.

濒危等级 环境保护部和中国科学院（2013）：NT；广东：EN

形态特征：附生植物。假鳞茎狭卵球形。叶 4~7 枚，带形，厚革质，先端为不等的 2 圆裂或 2 尖裂。总状花序，具 10~20 朵花；花苞片近三角形；花略小；萼片与花瓣淡黄色至奶黄色，唇瓣白色至奶黄色；萼片狭长圆形；花瓣近狭椭圆形；唇瓣近卵形；侧裂片短于蕊柱；中裂片外弯；蕊柱略向前弯曲，有很短的蕊柱足。蒴果近椭圆形。花期 3—4 月。

产地：广州、清远、饶平、深圳、信宜、云浮。

分布：广西、海南、贵州、云南。不丹、柬埔寨、印度（Assam，模式标本采集地）、老挝、缅甸、尼泊尔、泰国、越南。

生境：林中或灌木林中的树上。

保育现状：硬叶兰具有很好的观赏价值和药用价值。人为采挖及生境的破坏是其濒危的主要原因。主要采用分株繁殖。

85. 墨兰 *Cymbidium sinense*（Jackson ex Andrews）Willd.

濒危等级 环境保护部和中国科学院（2013）：VU；广东：VU

形态特征：地生植物。假鳞茎卵球形，包藏于叶基之内。叶 3~5 枚，带形，暗绿色。花葶从假鳞茎基部发出。总状花序，具 10~20 朵或更多的花；花的色泽变化较大，较常为暗紫色或紫褐色而具浅色唇瓣，一般有较浓的香气；萼片狭长圆形或狭椭圆形；花瓣近狭卵形；侧裂片直立；中裂片较大。蒴果狭椭圆形。花期 10 月至翌年 3 月。

产地：广州、封开、惠阳、江门、连州、信宜、阳春、深圳、肇庆。

分布：安徽、澳门、福建、广西、贵州、海南、香港、江西、四川、台湾、云南。印度、日本、缅甸、泰国、越南。模式标本采自中国。

生境：林下、灌木林中或溪谷旁湿润但排水良好的荫蔽处。

保育现状：墨兰具有很高的观赏价值和文化价值。人为采挖及生境的破坏是其濒危的主要原因，或因气候变暖致使墨兰野外种群趋向灭绝，再加上自身种子自然萌发率低，野生资源不断减少（刘仲健 等，2009）。主要采用分株繁殖和组织培养技术繁殖。

86．丹霞兰 *Danxiaorchis singchiana* J. W. Zhai，F. W. Xing & Z. J. Liu

濒危等级 广东：CR

形态特征：腐生植物，高可达40cm。根状茎肉质，圆柱状，长5~6cm，具短分枝。花葶直立，圆柱状；叶舌3~4，膜质。总状花序，花2~13朵，花萼片和花瓣淡黄色；唇瓣黄色，侧裂片具淡紫红色条带，中裂片具紫红色的斑点，基部具有一个Y形的巨大附属物，呈双囊状。蒴果梭形，长3~4.2cm；种子圆柱形。花期4—5月，果期5—6月（Zhai *et al.*，2013）。

产地：仁化［丹霞山，模式标本采集地，*J. W. Zhai*（*翟俊文*）*5481*，*IBSC*，*NOCC*］。广东特有种。

生境：生长在潮湿、阴暗之地，伴生植物非常丰富。由于它的生长极度依赖独特丹霞地貌中的真菌，因此，人工移植很难成活（Zhai *et al.*，2013）。

保育现状：我国特有属植物，具有很高的科研价值，2011年和2012年均监测到丹霞兰个体100余株，而2013年不足40株，急需得到保护。依靠种子繁殖和分株繁殖。

87．钩状石斛 *Dendrobium aduncum* Wall. ex Lindl.

濒危等级　环境保护部和中国科学院（2013）：VU；中国高等植物红色名录（2017）：VU；广东：VU

形态特征：茎下垂，圆柱形，长50~100cm，节间长3~3.5cm。叶长圆形或狭椭圆形。总状花序，通常数个，疏生1~6朵花；花苞片膜质，卵状披针形；花梗和子房长约1.5cm；花开展，萼片和花瓣淡粉红色；中萼片长圆状披针形；侧萼片斜卵状三角形，与中萼片等长而宽得多；花瓣长圆形；唇瓣白色；蕊柱白色；蕊柱足长而宽；药帽深紫色，近半球形。花期5—6月。

产地：博罗、封开、始兴、阳春、阳江、信宜、英德、肇庆。

分布：广西、贵州、海南、香港、湖南、云南。不丹、印度、缅甸、泰国、越南。模式标本可能采自印度（GH00074898）。

生境：山地林中树干上。

保育现状：随着石斛类药用价值的炒作，人为采挖日益频繁，造成钩状石斛野生资源不断减少。一般可利用种子繁殖和分株繁殖。

88．密花石斛 *Dendrobium densiflorum* Wall.

濒危等级 环境保护部和中国科学院（2013）：VU；中国高等植物红色名录（2017）：VU；广东：VU

形态特征：茎粗壮，下部常收狭为细圆柱形，不分枝。叶常3~4枚，近顶生，长圆状披针形。总状花序从1年生或2年生具叶的茎上端发出，下垂，密生许多花；花苞片纸质，倒卵形；花开展，萼片和花瓣淡黄色；中萼片卵形；侧萼片卵状披针形；萼囊近球形；花瓣近圆形，中部以上边缘具啮齿；唇瓣金黄色，圆状菱形；蕊柱橘黄色；药帽橘黄色，前后压扁的半球形或圆锥形。花期4—5月。

产地：乐昌、龙门、新丰。

分布：广西、海南、西藏。不丹、印度、缅甸、尼泊尔（模式标本采集地）、泰国。

生境：常绿阔叶林中树干上或山谷岩石上。

保育现状：具有药用价值和观赏价值。随着药用石斛的开发利用，人为采挖日益频繁，造成密花石斛野生资源不断减少。一般可利用种子繁殖和分株繁殖。

89. 疏花石斛 *Dendrobium henryi* Schltr.

濒危等级 环境保护部和中国科学院（2013）：LC；广东：VU

形态特征：茎斜立或下垂，圆柱形，长30~80cm，不分枝，具多节，干后淡黄色。叶纸质，2列，长圆形或长圆状披针形。总状花序，具1~2朵花，从具叶的老茎中部发出；花苞片纸质，卵状三角形；花金黄色；中萼片卵状长圆形；侧萼片卵状披针形；萼囊宽圆锥形，末端圆形；花瓣稍斜宽卵形；唇瓣近圆形，两侧围抱蕊柱；唇盘凹的，密布细乳突；药帽圆锥形。花期6—9月。

产地：高州。

分布：广西、贵州、云南（思茅，模式标本采集地，*A. Henry 13179*，US00093949）。泰国、越南。

生境：山地林中树干上或山谷阴湿岩石上。

保育现状：具有药用价值和观赏价值。人们一般认为石斛类植物都有药用价值，因此，人为的肆意采挖日益频繁，再加上自身自然条件下种子繁殖率低，造成石斛类植物野生资源的不断减少。一般可利用分株繁殖和组织培养技术繁殖。

90. 重唇石斛 *Dendrobium hercoglossum* Rchb. f.

濒危等级 环境保护部和中国科学院（2013）：NT；广东：EN

形态特征：茎下垂，圆柱形，通常长 8~40cm，节间长 1.5~2cm。叶薄革质，狭长圆形或长圆状披针形。总状花序，常具 2~3 朵花，从老茎发出；花序轴有时稍回折状弯曲；花苞片小，卵状披针形；萼片和花瓣淡粉红色；中萼片卵状长圆形；侧萼片稍斜卵状披针形；花瓣倒卵状长圆形；唇瓣白色，分前后唇；后唇半球形；前唇淡粉红色；蕊柱白色；蕊柱齿三角形；药帽紫色，半球形。花期 5—6 月。

产地：台山、信宜、英德。

分布：安徽、广西、贵州、海南、湖南、江西、云南。老挝、马来西亚、泰国、越南。

生境：山地密林中树干上和山谷湿润岩石上。

91．广东石斛 *Dendrobium kwangtungense* C. L. Tso

濒危等级 广东：DD

形态特征：茎直立，高 20~30cm。假鳞茎伸长，细，圆柱形节。叶线状长圆形，先端钝并且稍不等侧 2 裂，约 4.5cm×1.2cm，无柄。花 1~2 朵生于无叶的茎上，总花梗具很短的鞘；花大，芳香，纯白色，约 7cm，中间带大的黄绿斑块；花梗和子房直立，白色，约 3cm 长。花苞片很短，约 6mm×3mm，卵形；萼片约 4cm×1cm，近等长；花瓣约 4cm×1.5cm，椭圆状长圆形，比萼片宽；唇瓣倒卵状长圆形；萼囊宽，短，约 2cm 长。唇盘中央具 1 个黄绿色的斑块；蕊柱宽。花期 4 月（Tso，1933）。

产地：乐昌（模式标本采集地，*左景烈 22743*，IBSC0005422，IBSC0005423，IBSC0626502，IBSC0626492，SYS00095421）、乳源。

分布：广西、云南。中国特有种。

生境：山地阔叶林中树干上或林下岩石上。

92．聚石斛 *Dendrobium lindleyi* Steud.

濒危等级 环境保护部和中国科学院（2013）：LC；广东：EN

形态特征：茎假鳞茎状，密集或丛生，纺锤形或卵状长圆形，长1~5cm，顶生1枚叶，具4个棱和2~5个节；节间长1~2cm，被白色膜质鞘。叶革质，长圆形。总状花序从茎上端发出，长达27cm，疏生数朵至10余朵花；花苞片小，狭卵状三角形；花橘黄色；中萼片卵状披针形；侧萼片与中萼片近等大；萼囊近球形；花瓣宽椭圆形；唇瓣横长圆形或近肾形；蕊柱粗短；药帽半球形。花期4—5月。

产地：博罗、恩平、阳江、英德、信宜。

分布：广西、贵州、海南、香港。不丹、印度、老挝、缅甸（N border of Arracan，模式标本采集地，*Pierard in N. Wallich 7411a*，K）、泰国、越南。

生境：阳光充裕的疏林树干上。

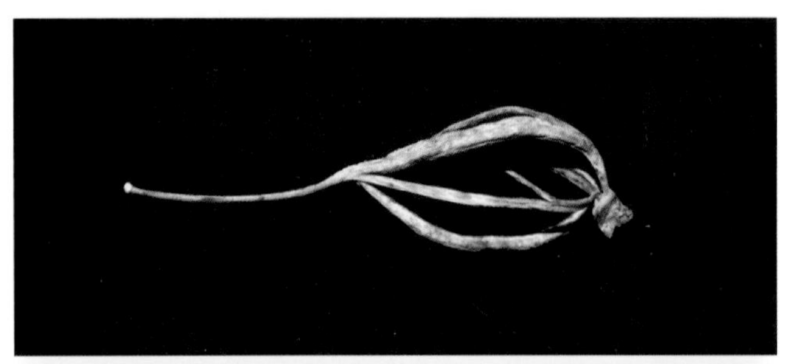

93. 美花石斛 *Dendrobium loddigesii* Rolfe

濒危等级 环境保护部和中国科学院（2013）：VU；中国高等植物红色名录（2017）：VU；广东：VU

形态特征：茎柔弱，常下垂，长10~45cm，具多节。叶纸质，2列，互生于整个茎上，长圆状披针形或稍斜长圆形。总状花序，有花1~2朵，侧生于具叶的老茎上部；花苞片膜质，卵形；中萼片卵状长圆形；侧萼片披针形，先端急尖；萼囊近球形；花瓣粉红色或紫红色，椭圆形，与中萼片等长；唇瓣近圆形，上面中央金黄色，周边淡紫红色；蕊柱白色，正面两侧具红色条纹；药帽白色。花期4—5月。

产地：博罗、广州、连山、连州、龙门、信宜、阳春、阳江、肇庆。

分布：澳门、广西、贵州、海南、香港、云南。印度（模式标本采集地）、老挝、越南。

生境：山地林中树干上或林下岩石上。

保育现状：本种花形美丽，观赏价值高，人为采挖较多，造成美花石斛野生资源不断减少。

94．罗河石斛 *Dendrobium lohohense* Tang & F. T. Wang

濒危等级 环境保护部和中国科学院（2013）：EN；中国高等植物红色名录（2017）：EN；广东：EN

形态特征：茎质地稍硬，长达 80cm，具多节，上部节上常生根而分出新枝条。叶薄革质，2 列，长圆形。花蜡黄色，总状花序减退为单朵花，侧生于具叶的茎端或叶腋；花序柄无；花苞片蜡质，阔卵形；中萼片椭圆形；侧萼片斜椭圆形；萼囊近球形；花瓣椭圆形；唇瓣不裂，倒卵形，前端边缘具不整齐的细齿；药帽近半球形。蒴果椭圆状球形。花期 6 月，果期 7—8 月。

产地：连州。

分布：广西（凌云县罗河屯，模式标本采集地，*A.N. Steward & H. C. Cheo 595*，HUH00090147，HUH00090148，PE00293857）、贵州、湖北、湖南、四川、云南。中国特有种。

生境：海拔 1 150m 的山谷或林缘的岩石上。

95. 细茎石斛 *Dendrobium moniliforme*（L.）Sw.

濒危等级 环境保护部和中国科学院（2013）：CR；广东：VU；陕西省重点保护野生植物

形态特征：茎直立，通常长 10~20cm，具多节。叶数枚，2 列，常互生于茎的中部以上，披针形或长圆形。总状花序，通常具 1~3 朵花；花苞片浅白色带褐色斑块，卵形；花黄绿色、白色或白色带淡紫红色，有时芳香；萼片卵状长圆形或卵状披针形；侧萼片基部歪斜而贴生于蕊柱足；萼囊圆锥形；花瓣通常比萼片稍宽；唇瓣白色、淡黄绿色或绿白色；蕊柱白色；药帽白色或淡黄色。花期 3—5 月。

产地：乐昌、连州、南雄、乳源、信宜、阳山。

分布：安徽、福建、甘肃、广西、贵州、河南、湖南、江西、陕西、四川、台湾、云南、浙江。印度、日本（模式标本采集地），以及朝鲜半岛。

生境：阔叶林中树干上或山谷岩壁上。

96. 石斛 *Dendrobium nobile* Lindl.

濒危等级 环境保护部和中国科学院（2013）：VU；覃海宁等（2017）：VU；广东：EN

形态特征：茎直立，肉质状肥厚，长 10~60cm；节间多少呈倒圆锥形，干后金黄色。叶革质，长圆形。总状花序，具 1~4 朵花，从老茎中部以上发出；花苞片膜质，卵状披针形；花大，白色带淡紫色先端；中萼片长圆形；侧萼片相似于中萼片；萼囊圆锥形；花瓣多少斜宽卵形；唇瓣宽卵形；蕊柱绿色，基部稍扩大，具绿色的蕊柱足；药帽紫红色，圆锥形。花期 4—5 月。

产地：乐昌。

分布：广西、贵州、海南、湖北、四川、香港、台湾、西藏、云南。不丹、印度、老挝、缅甸、尼泊尔、泰国、越南。模式标本（*Reeves s.n.*）采自中国。

生境：山地林中树干上或山谷岩石上。

保育现状：人为采摘和生境破坏是造成石斛野生资源不断减少的主要原因。

97. 单葶草石斛 *Dendrobium porphyrochilum* Lindl.

濒危等级 环境保护部和中国科学院（2013）：EN；覃海宁等（2017）：EN；广东：EN

形态特征：茎肉质，直立，圆柱形或狭长的纺锤形。叶3~4枚，2列，互生，狭长圆形。总状花序，具数至10余朵小花，单生于茎顶；花苞片狭披针形，等长或长于花梗连同子房；花开展，具香气，金黄色或萼片和花瓣淡绿色带红色脉纹；中萼片狭卵状披针形；侧萼片狭披针形，与中萼片等长而稍较宽；萼囊近球形；花瓣狭椭圆形；唇瓣暗紫褐色，不裂；蕊柱白色带紫；药帽半球形，光滑。花期6月。

产地：连南、连山。

分布：云南。不丹、印度（模式标本采集地，*Khasija Hills*，*J. D. Hooker & T. Thomson 28*，K000894299，P00408132）、缅甸、尼泊尔、泰国。

生境：山地林中树干上或林下岩石上。

98. **始兴石斛** *Dendrobium shixingense* Z. L. Chen，S. J. Zeng & J. Duan

濒危等级 广东：EN；Chen *et al.*（2010）: EN

形态特征：附生草本，高 10~25cm。茎直立或下垂，簇生，圆柱形，直径 3~5 mm。叶 5~7 枚，茎上部互生，长圆状披针形，（3~6）cm×（1~1.5）cm，近革质，下延至基部成鞘，全缘，顶渐尖，不等 2 裂。花序 1~3 花，生于有叶或无叶的茎上；花序梗长 4~5cm，直径约 1mm，基部具 2 鞘，长 3~4mm，膜质；花苞片淡黄色，卵状三角状，长 3~4 mm，顶端渐尖。花开展，花梗连同子房长 2~2.5cm，白绿色，微有淡紫色，萼片淡粉红色，下面微苍白色；萼囊白绿色；花瓣粉红色，下面微淡粉红色；唇瓣白色，前面边缘粉红色，前面中间有一块扇形的红斑；胼胝体紫色至淡紫色；蕊柱白色但在顶部每侧有一紫斑，蕊柱足中部有紫斑，顶部紫色；药帽上部紫色，下部白色，顶端 2 深裂。花果期 5—6 月（Chen *et al.*，2010）。

产地：仁化、始兴（车八岭，模式标本采集地，*段俊 001*，*IBSC*）。广东特有种。

生境：海拔 400~600m 的亚热带山地林中，种群不多于 100 株。

保育现状：随着药用石斛的开发利用，人为采摘日益频繁，造成始兴石斛野生资源不断减少（Chen *et al.*，2010）。

99. 剑叶石斛 *Dendrobium spatella* Rchb. f.

濒危等级 广东：DD

形态特征：茎直立，近木质，扁三棱形，不分枝，具多个节。叶2列，斜立，稍疏松地套叠或互生，厚革质或肉质，两侧压扁呈短剑状或匕首状。花序侧生于无叶的茎上部，具1~2朵花；花白色；中萼片近卵形；侧萼片斜卵状三角形；花瓣长圆形；唇瓣白色带微红色，贴生于蕊柱足末端，近匙形；唇盘中央具3~5条纵贯的脊突；蕊柱很短，药帽前端边缘具微齿。蒴果椭圆形。花期3—9月，果期10—11月。

产地：紫金。广东分布新记录。

分布：福建、广西、海南、香港、云南。不丹、柬埔寨、印度（Assam，模式标本采集地）、老挝、缅甸、泰国、越南。

生境：山地林缘树干上和林下岩石上。

100. **大花石斛** *Dendrobium wilsonii* Rofle

濒危等级 广东：DD

形态特征：茎直立或斜立，不分枝，具少数至多数节。叶革质，2 列，先端钝并且稍不等侧 2 裂，基部具抱茎的鞘。总状花序，具 1~2 朵花，从老茎上部发出；花大，乳白色，有时带淡红色，开展；中萼片长圆状披针形；侧萼片三角状披针形；花瓣近椭圆形；唇瓣卵状披针形；唇盘中央具 1 个黄绿色的斑块，密布短毛；蕊柱足内面常具淡紫色斑点；药帽近半球形，密布细乳突。花期 5 月。

产地：阳江、英德。

分布：重庆、贵州、湖南、四川（雅州，模式标本采集地，*E. H. Wilson 4621*，K）、云南。中国特有种。

生境：山地阔叶林中树干上或林下岩石上。

101. 白绵绒兰 *Dendrolirium lasiopetalum*（Willd.）S. C. Chen & J. J. Wood

濒危等级 广东：DD

形态特征：又名白绵毛兰。根状茎横走；假鳞茎纺锤形，外被膜质鞘，顶端着生 3~5 枚叶。叶椭圆形或长圆状披针形。花序 1~2 个，从假鳞茎基部发出，不超出叶面；花序轴被柔软、厚密的白绵毛，果成熟时毛脱落，仅在花序轴上半部残存有白色绵毛，基部具 6~8 枚膜质鞘；花苞片卵状披针形，背面被白色绵毛；花梗和子房密被白绵毛；萼片背面均密被厚密的白绵毛；花瓣线形；唇瓣轮廓为卵形；唇盘上具一个倒卵状披针形的加厚区，自基部延伸到中裂片上部；蕊柱粗而短；蕊柱足弓形；药帽近半球形，黄色。蒴果圆柱形。花期 1—4 月，果期 8 月。

产地：深圳。广东分布新记录。

分布：海南、香港。尼泊尔、不丹、柬埔寨、印度（E. India，模式标本采集地）、印度尼西亚、老挝、缅甸、尼泊尔、泰国、越南。

生境：林荫下或近溪流的岩石上、树干上。

102. 双唇兰 *Didymoplexis pallens* Griff.

濒危等级 环境保护部和中国科学院（2013）：NT；广东：DD

形态特征：腐生植物，高 6~8cm；根状茎梭形或多少念珠状。茎直立，淡褐色至近红褐色，无绿叶，有 3~5 枚鳞片状鞘。总状花序较短，具 4~8 朵花；花苞片卵形，长约 2mm；花梗在果期明显延长；花白色，逐个开放；中萼片与花瓣形成长约 9mm 的盔，覆盖于蕊柱上方；两枚侧萼片合生部分达全长的 1/2 以上；侧萼片与花瓣合生部分长约 3mm；唇瓣倒三角状楔形，长 4.5~5mm，宽 6~7mm；唇盘上有许多褐色疣状突起，向基部疣状突起较多而密；蕊柱长约 4mm，蕊柱足稍弯曲。蒴果圆柱状或狭矩圆形，长达 2.2cm。花果期 4—5 月。

产地：仁化（丹霞山）。

分布：台湾、广西、福建。阿富汗、孟加拉国、印度（加尔各答，Serampore 为模式标本采集地）、印度尼西亚、日本（琉球群岛）、马来西亚、新几内亚、菲律宾、泰国、越南、澳大利亚，以及太平洋岛屿等。

生境：灌丛中或竹林下。极少见。

103．无耳沼兰 *Dienia ophrydis*（J. Koenig）Seidenf.

濒危等级 环境保护部和中国科学院（2013）：LC；广东：NT

形态特征：又名阔叶沼兰。地生或半附生草本，具肉质茎。肉质茎圆柱形。叶通常 4~5 枚，斜卵状椭圆形、卵形或狭椭圆状披针形。总状花序，具数十朵或更多的花；花苞片狭披针形，多少反折；花紫红色至绿黄色，密集；中萼片狭长圆形；侧萼片斜卵形；花瓣线形；唇瓣近宽卵形；中裂片狭卵形；侧裂片很短或不甚明显。蒴果倒卵状椭圆形。花期 5—8 月，果期 8—12 月。

产地：博罗、大埔、封开、广州、惠东、惠阳、饶平、深圳、信宜、阳春、云浮、肇庆。

分布：福建、广西、海南、香港、台湾、云南。不丹、柬埔寨、印度、印度尼西亚、日本、老挝、马来西亚、缅甸、尼泊尔、新几内亚、菲律宾、泰国（Phuket，模式标本采集地，*Koenig s.n.*，K）、越南、澳大利亚。

生境：林下、灌丛中或溪谷旁荫蔽处的岩石上。

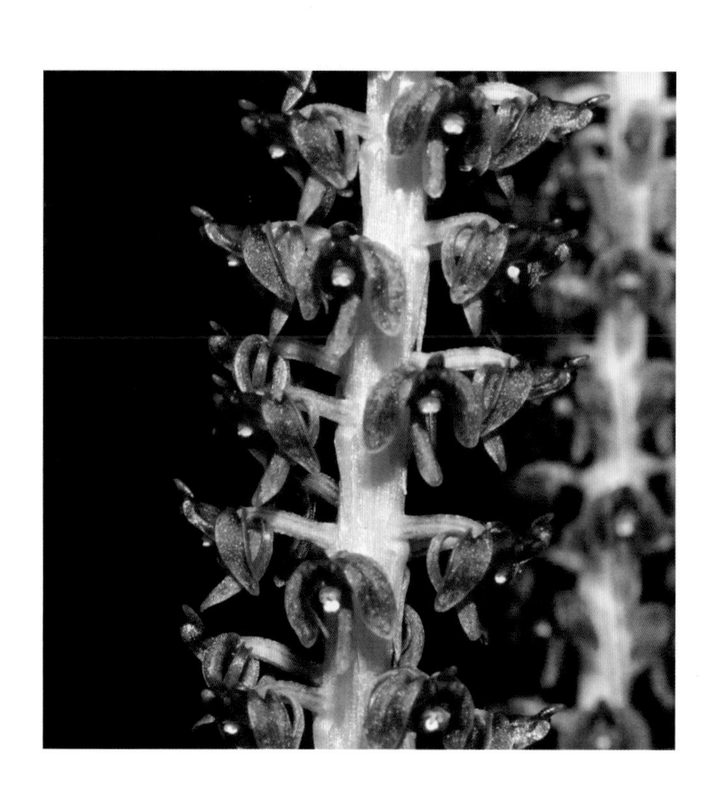

104. 蛇舌兰 *Diploprora championi*（Lindl. ex Benth.）Hook. f.

濒危等级 环境保护部和中国科学院（2013）：LC；广东：VU

形态特征：茎质地硬，圆柱形或稍扁的圆柱形，常下垂，长3~15cm或更长，不分枝，节间长1~1.5cm。叶纸质，镰状披针形或斜长圆形。总状花序与叶对生，比叶长或短，下垂，具2~5朵花；花苞片卵状三角形；花具香气，萼片和花瓣淡黄色；萼片相似，长圆形或椭圆形；花瓣比萼片较小；唇瓣白色带玫瑰色；侧裂片直立；中裂片较长。蒴果圆柱形。花期2—8月，果期3—9月。

产地：乳源、深圳、阳春。

分布：福建、广西、海南、香港（模式标本采集地，*Champion s.n.*，K）、台湾、云南。印度、缅甸、斯里兰卡、泰国、越南。

生境：山地林中树干上或沟谷岩石上。

105．单叶厚唇兰 *Epigeneium fargesii*（Finet）Gagnep.

濒危等级 环境保护部和中国科学院（2013）：LC；广东：VU

形态特征：根状茎匍匐，粗 2~3mm，在每相距约 1cm 处生 1 个假鳞茎。假鳞茎斜立，顶生 1 枚叶。叶厚革质，卵形或宽卵状椭圆形。花序生于假鳞茎顶端，具单朵花；花不甚张开，萼片和花瓣淡粉红色；中萼片卵形；侧萼片斜卵状披针形，先端急尖，基部贴生在蕊柱足上而形成明显的萼囊；花瓣卵状披针形，比侧萼片小；唇瓣几乎白色；后唇两侧直立；前唇伸展。花期 4—5 月。

产地：潮安、乐昌、连州、饶平、乳源、信宜。

分布：安徽、重庆（城口县，模式标本采集地，*R. P. Farges 1506*，G00165711，MPU017693，P00387196，P00387197，P00387198，P00407680，K001085631）、福建、广西、湖北、湖南、江西、四川、台湾、云南、浙江。不丹、印度、泰国。

生境：沟谷岩石上或山地林中树干上。

106. 虎舌兰 *Epipogium roseum*（D. Don）Lindl.

濒危等级 环境保护部和中国科学院（2013）：LC；广东：VU

形态特征：植株高（15~）20~45cm，地下具块茎。茎直立，白色，无绿叶。总状花序，具6~16朵花，顶生；花苞片膜质，卵状披针形；花白色，不甚张开，下垂；萼片线状披针形或宽披针形；花瓣与萼片相似，常略短而宽于萼片；唇瓣凹陷，不裂，卵状椭圆形；距圆筒状；蕊柱短而粗；花药近球形。蒴果宽椭圆形。花果期4—6月。

产地：乳源、始兴、英德。

分布：海南、香港、台湾、西藏、云南。老挝、印度、印度尼西亚、日本、马来西亚、尼泊尔（模式标本采集地，*N. Wallich s.n.*，BM000061526）、菲律宾、斯里兰卡、泰国、越南，以及大洋洲和非洲热带地区。

生境：林下或沟谷边荫蔽处。

107. 半柱毛兰 *Eria corneri* Rchb. f.

濒危等级 环境保护部和中国科学院（2013）：LC；广东：NT

形态特征：植物体假鳞茎密集着生，卵状长圆形或椭圆状，顶端具2~3枚叶。叶椭圆状披针形至倒卵状披针形。花序1个，长6~22cm；花序具10余朵花；花苞片三角形；花白色或略带黄色；中萼片卵状三角形；侧萼片镰状三角形；萼囊钝；唇瓣轮廓为卵形；侧裂片半圆形；中裂片卵状三角形；药帽长约1mm。蒴果倒卵状圆柱状。花期8—9月，果期10—12月。

产地：博罗、封开、化州、惠东、龙门、饶平、深圳、翁源、新兴、信宜、阳春、肇庆。

分布：福建、广西、贵州、海南、香港、台湾（模式标本采集地，由Arthur Corner发现，Charles Leach引种）、云南。日本、越南。

生境：林中树上或林下岩石上。

108. 足茎毛兰 *Eria coronaria*（Lindl.）Rchb. f.

濒危等级 环境保护部和中国科学院（2013）：LC；广东：EN

形态特征：植物体无毛，具根状茎；根状茎上常有漏斗状革质鞘；假鳞茎密集或每隔 1~2cm 着生。叶 2 枚着生于假鳞茎顶端，一大一小，长椭圆形或倒卵状椭圆形。花序 1 个，自两叶片之间发出，具 2~6 朵花；花苞片通常披针形或线形；花白色；中萼片椭圆状披针形；侧萼片镰状披针形；花瓣长圆状披针形；侧裂片半圆形或近长圆形；中裂片三角形或近四方形。蒴果倒卵状圆柱形。花期 5—6 月。

产地：信宜、阳春。

分布：广西、海南、台湾、西藏、云南。不丹、印度（Khoseea hills，模式标本采集地，*Bibson s.n.*）、日本、尼泊尔、泰国。

生境：林中树干上或岩石上。

109．钳唇兰 *Erythrodes blumei*（Lindl.）Schltr.

濒危等级 环境保护部和中国科学院（2013）：LC；广东：VU

形态特征：植株高18~60cm。根状茎伸长，匍匐，具节，节上生根。茎直立，下部具3~6枚叶。叶片卵形、椭圆形或卵状披针形。花茎被短柔毛，具3~6枚鞘状苞片。总状花序，具多数密生的花，顶生；花苞片披针形；花较小，萼片带红褐色或褐绿色，中萼片直立，长椭圆形；侧萼片张开；花瓣倒披针形；唇瓣基部具距，中裂宽卵形或三角状卵形，白色，先端近急尖；距下垂，近圆筒状，中部稍膨大。花期4—5月。

产地：乐昌、广州、连州、肇庆。

分布：广西、台湾、云南。孟加拉国（Sylhet，模式标本采集地，*N. Wallich 7397*，K001127286）、印度、印度尼西亚（Java，模式标本采集地，*C. L. Blume s.n.*）、缅甸、斯里兰卡（Peradenia，模式标本采集地，*Macrae s.n.*）、泰国、越南。

生境：山坡或沟谷常绿阔叶林下阴处。

110. 长苞美冠兰 *Eulophia bracteosa* Lindl.

濒危等级 环境保护部和中国科学院（2013）：VU；覃海宁等（2017）：VU；广东：EN

形态特征：假鳞茎块状，近横椭圆形，直径约1.5cm。叶1~3枚，披针形或狭长圆状披针形。花叶同时；花葶侧生，穿鞘而出。总状花序直立；花苞片膜质，线状披针形；花黄色；萼片倒卵状椭圆形或椭圆形；花瓣倒卵状椭圆形，先端近圆形；唇瓣倒卵状长圆形，与花瓣近等长；基部的距圆筒状；蕊柱长5~6mm（不连花药），无蕊柱足。花期4—7月。

产地：连南、乐昌。

分布：广西、云南。孟加拉国（Chattagram，Chittagong，模式标本采集地，*N. Wallich Cat. no. 7366*，K000618094，K000960019）、印度、缅甸。

生境：山谷旁或灌木草丛中有阳光处。

111. 黄花美冠兰 *Eulophia flava*（Lindl.）Hook. f.

濒危等级 环境保护部和中国科学院（2013）：VU；覃海宁等（2017）：VU；广东：EN

形态特征：假鳞茎近圆柱状，直立，稍绿色，长 4~5cm，有数节，疏生少数根。叶通常 2 枚，生于假鳞茎顶端，长圆状披针形。花叶同时；花葶侧生，常从假鳞茎上部节上发出。总状花序，疏生 10 余朵花，直立；花苞片披针形；花大，黄色；萼片狭椭圆状披针形；侧萼片略斜歪；花瓣倒卵状椭圆形或近倒卵形；唇瓣近宽卵形；侧裂片半卵形；中裂片近扁圆形。花期 4—6 月。

产地：台山。

分布：广西、海南、香港。印度（Mt. Morang，模式标本采集地，*Buchanan-Hamilton in N. Wallich Cat. no. 7364*，K000960022）、缅甸、尼泊尔、泰国、越南。

生境：溪边岩石缝中或开旷草坡。

保育现状：黄花美冠兰具有较高的观赏价值，此外，球根还具有药用价值，民间可用来治疗脚部龟裂。野外较少见。

112. 美冠兰 *Eulophia graminea* Lindl.

濒危等级 环境保护部和中国科学院（2013）：LC；广东：NT

形态特征：假鳞茎卵球形、圆锥形、长圆形或近球形，长3~7cm，直立。叶3~5枚，在花全部凋萎后出现，线形或线状披针形。总状花序，直立；花苞片线状披针形；花橄榄绿色，唇瓣白色；中萼片倒披针状线形；侧萼片与中萼片相似；花瓣近狭卵形；侧裂片较小；中裂片近圆形；从接近中裂片开始一直到中裂片上褶片均分裂成流苏状；基部的距圆筒状或后期略呈棒状。蒴果下垂，椭圆形。花期4—5月，果期5—6月。

产地：广州、连州、龙门、深圳、阳春、湛江。

分布：安徽、澳门、广西、贵州、海南、香港、台湾、云南。印度、印度尼西亚、日本、老挝、马来西亚、缅甸、尼泊尔、斯里兰卡、新加坡（模式标本采集地，*N. Wallich*，*Cat. no. 7372*，K001127243，K001127244，K001127245）、泰国、越南。

生境：疏林中草地上、山坡阳处、海边沙滩林中。

113．紫花美冠兰 *Eulophia spectabilis*（Dennst.）Suresh

濒危等级 环境保护部和中国科学院（2013）：LC；广东：NT

形态特征：假鳞茎块状，直径3~4cm，位于地下，疏生数条根。叶2~3枚，长圆状披针形。花叶同时。总状花序，直立，通常疏生数朵花；花苞片膜质，披针形；花紫红色，唇瓣稍带黄色；中萼片线形或狭长圆形；侧萼片与中萼片相似；花瓣近长圆形；唇瓣着生于蕊柱足末端，卵状长圆形，几不裂；唇盘上的脉稍粗厚或略呈纵脊状；距着生于蕊柱足下方；蕊柱长6~8mm（不连花药）。花期4—6月。

产地：乐昌、连南。

分布：江西、云南。不丹、柬埔寨、印度、印度尼西亚、老挝、马来西亚、缅甸、尼泊尔、新几内亚、菲律宾、斯里兰卡、越南、泰国，以及太平洋群岛。

生境：混交林中或草坡上。

114．无叶美冠兰 *Eulophia zollingeri*（Rchb. f.）J. J. Sm.

濒危等级 环境保护部和中国科学院（2013）：LC；广东：VU

形态特征：腐生植物，无绿叶。假鳞茎块状，淡黄色，长3~8cm，有节，位于地下。花葶粗壮，褐红色，高15~80cm。总状花序，直立，疏生数朵至10余朵花；花苞片狭披针形或近钻形，花褐黄色；中萼片椭圆状长圆形；侧萼片近长圆形；花瓣倒卵形；唇瓣生于蕊柱足上，近倒卵形或长圆状倒卵形；侧裂片近卵形或长圆形；中裂片卵形；唇盘上其他部分亦疏生乳突状腺毛。花期4—6月。

产地：大埔、广州、深圳、信宜。

分布：福建、广西、香港、江西、台湾、云南。斯里兰卡、印度、印度尼西亚（Java，Lampung，模式标本采集地，*Zollinger s.n.*，L）、日本、马来西亚、新几内亚、菲律宾、斯里兰卡、泰国、越南、澳大利亚。

生境：疏林下、竹林或草坡上。

115. 流苏金石斛 *Flickingeria fimbriata*（Blume）A. D. Hawkes

濒危等级 环境保护部和中国科学院（2013）：LC；广东：EN

形态特征：根状茎匍匐，具长7~8mm的节间。茎斜出或下垂。假鳞茎金黄色，扁纺锤形，具1个节间，顶生1枚叶。叶革质，长圆状披针形或狭椭圆形。花序出自于叶腋，通常具1~3朵花；萼片和花瓣奶黄色带淡褐色或紫红色斑点；中萼片卵状披针形；侧萼片斜卵状披针形；花瓣披针形；唇瓣3裂；侧裂片内面密布紫红色斑点；中裂片扩展呈扇形，先端近平截，两侧边缘皱波状或褶皱状。花期4—6月。

产地：阳江。

分布：广西、海南、云南。印度、印度尼西亚（Java，模式标本采集地，L0061168，L0061169，L0061170，L0061171，L0061172，L0061173，L0061174，L0061175）、马来西亚、菲律宾、泰国、越南。

生境：山地林中树干上或林下岩石上。

分类说明：本种被Zhou等（2016）归并入苏唇石斛 *Dendrobium plicatile* Lindl.，但 *Flora of China* 和中国生物物种名录（2018版）认为此种应单独成种（金效华 等，2018），本书遵从后者的分类处理。

116. 毛萼山珊瑚 *Galeola lindleyana*（Hook. f. & J. W. Thomson）Rchb. f.

濒危等级 环境保护部和中国科学院（2013）：LC；广东：EN

形态特征：高大植物，半灌木状。茎红褐色，基部多少木质化。圆锥花序由顶生与侧生总状花序组成；侧生总状花序一般较短，具数朵至10余朵花，通常具很短的总花梗；花苞片卵形；花黄色；萼片椭圆形至卵状椭圆形；侧萼片常比中萼片略长；花瓣宽卵形至近圆形；唇瓣凹陷成杯状；蕊柱棒状；药帽上有乳突状小刺。果实近长圆形。种子周围有宽翅。花期5—8月，果期9—10月。

产地：乳源、信宜。

分布：安徽、广西、贵州、河南、湖南、陕西、四川、台湾、西藏、云南。印度（锡金，模式标本采集地，*J. D. Hooker s.n.*）、印度尼西亚、尼泊尔。

生境：疏林下、稀疏灌丛中，以及沟谷边腐殖质丰富、湿润、多石处。

117. 广东盆距兰 *Gastrochilus guangtungensis* Z. H. Tsi

濒危等级 环境保护部和中国科学院（2013）：EN；广东：EN

形态特征：茎细长，多少压扁状圆柱形，长6~17cm，具多数长约1cm的节间。叶数枚，2列，互生，镰状长圆形或长圆形。总状花序缩短呈伞状，通常具2~3朵花；花黄色；花瓣相似于萼片，较小；前唇近卵状三角形，从中部向外下弯，上面光滑无毛，先端锐尖，上面具1个大的垫状物，边缘稍啮蚀状；后唇近兜状，上端具截形的口缘并且与前唇的垫状物在同一水平面上。花期10月。

产地：翁源（分水山、分水凹及附近，模式标本采集地，*刘心启 2531*，HUH00271836，HUH00271837，IBSC，NY，PE00027336）。

分布：云南。中国特有种。

生境：山坡林中树干上。

118. 黄松盆距兰 *Gastrochilus japonicus*（Makino）Schltr.

濒危等级　环境保护部和中国科学院（2013）：VU；覃海宁等（2017）：VU；广东：EN

形态特征：茎粗短，长2~10cm。叶2列，互生，长圆形至镰状长圆形。总状花序缩短呈伞状，具4~10朵花；花苞片近肉质，卵状三角形；花开展，萼片和花瓣淡黄绿色带紫红色斑点；中萼片和侧萼片相似而等大，倒卵状椭圆形或近椭圆形；花瓣近似于萼片而较小，先端钝；前唇白色带黄色先端，边缘啮蚀状或几乎全缘；后唇白色，近僧帽状或圆锥形，稍两侧压扁；蕊柱短，淡紫色。

产地：珠江口岛屿。

分布：香港、台湾。日本（模式标本采集地）。

生境：山地林中树干上。

119. 白赤箭 *Gastrodia albida* T. C. Hsu & C. M. Kuo

濒危等级 环境保护部和中国科学院（2013）：DD; 广东：DD

形态特征：腐生草本。根状茎块状，近梭形，棕色，被鳞片和根毛状的毛。总状花序顶生；苞片卵形至卵状长圆形。花常 2~3 枚，有时单生或达 8 枚，钟状；萼片和花瓣合生成 5 裂的花被管；萼片肉质，1/6~1/5 合生，并再与至少 4/5 的花瓣合生，两面白色，外面顶端具明显的瘤状突起，向下逐渐减少至近光滑，顶端弯曲，淡棕色；背萼片离生部分近半圆形。花瓣离生部分浅棕色，卵状长圆形，与萼片合生部分明显加厚，里面微橙黄色，在花被筒里面形成一对脊状结构。唇瓣离生，白色，基部微橙黄色，顶生和边缘红色；胼胝体白色，球形，无柄；花盘中央具 2 脊，脊近顶部微灰绿色；蕊柱白色，粗壮，具 1 对边缘与蕊柱平行的侧翅。蒴果椭球形，花梗在果期可伸长至 30cm。种子细长，梭形。花期 5 月至 6 月初，果期 5 月底至 6 月。

产地：封开（黑石顶）、广州（从化）、龙门（南昆山）。广东最早的标本采于 2013 年（童毅，2019）。

分布：台湾（台北市乌来镇拔刀尔山，模式标本采集地 *T. C. Hsu 838*，TAI，TAIF）。

生境：阔叶林与竹林或次生林下。极少见。

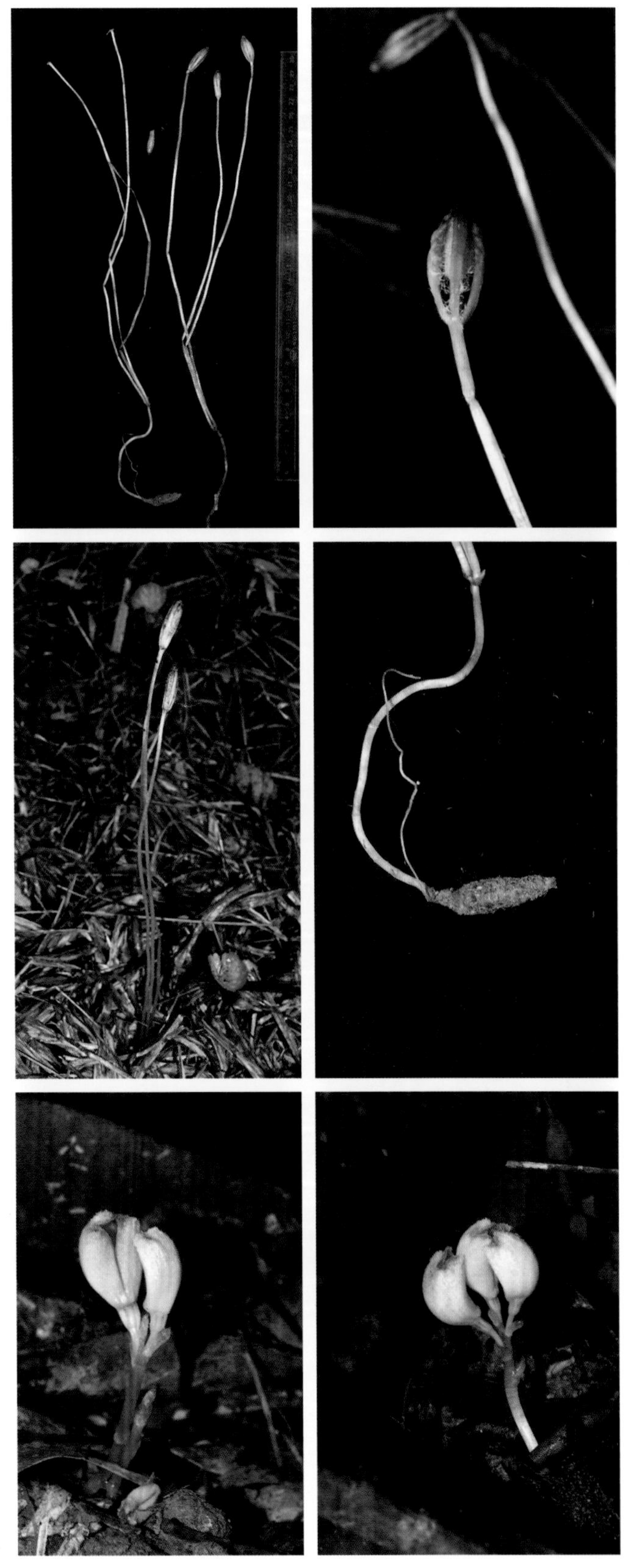

120. 北插天天麻 *Gastrodia peichatieniana* S. S. Ying

濒危等级 广东：EN

形态特征：植株高 25~40cm。根状茎多少块茎状，肉质。茎直立，无绿叶，淡褐色，有 3~4 节，节上无宿存之鞘。总状花序，具 4~5 朵花；花近直立，白色或多少带淡褐色；萼片和花瓣合生成细长的花被筒，顶端具 5 枚裂片；外轮裂片（萼片离生部分）相似，三角形，边缘多少皱波状；内轮裂片（花瓣离生部分）略小；唇瓣小或不存在；蕊柱有翅，连翅宽 1~1.5mm，前方自中部至下部具腺点。花期 10 月。

产地：梅州、乳源。

分布：香港、台湾（北插天，模式标本采集地，*S. S. Ying s.n.*，NTUF）。中国特有种。

生境：林下。

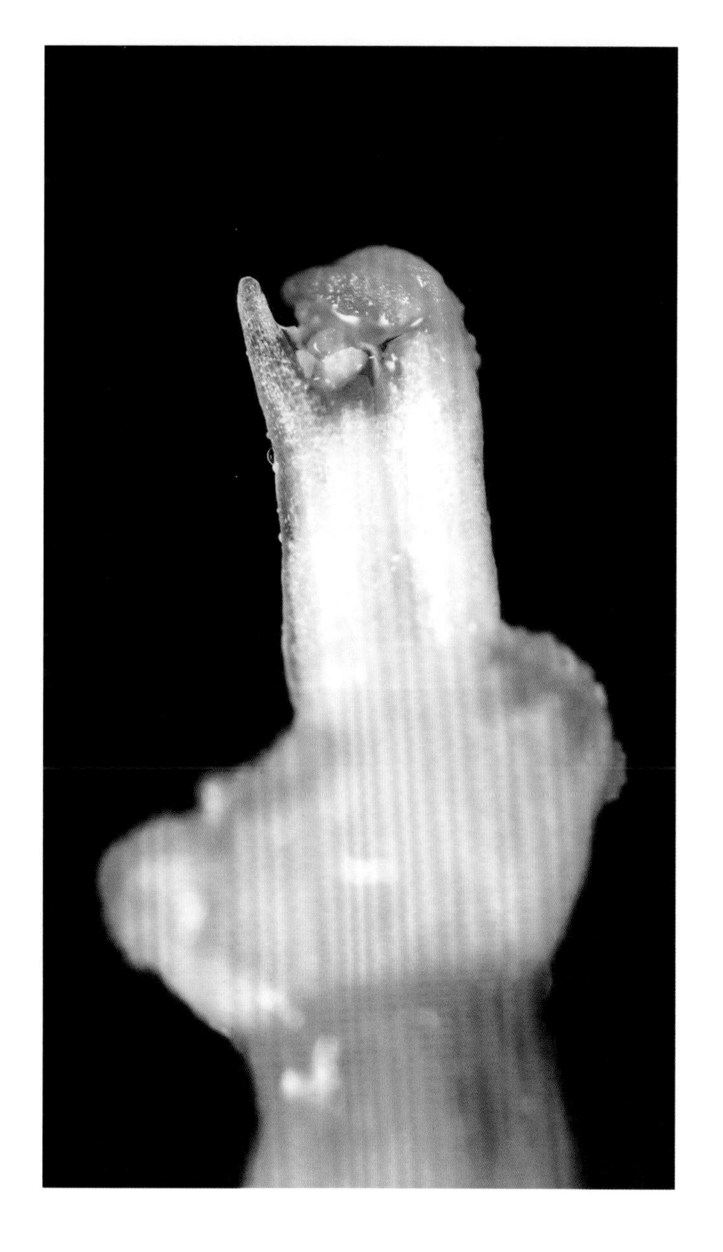

121．大花地宝兰 *Geodorum attenuatum* Griff.

濒危等级 环境保护部和中国科学院（2013）：LC；广东：VU

形态特征：假鳞茎块茎状，近椭圆形，长2~3cm，横卧。叶3~4枚，在花期已长成，倒披针状长圆形；叶柄套叠成长4~9cm的假茎。总状花序俯垂，很短，具2~4朵花；花苞片膜质，披针形；花直径约2cm，白色；萼片长圆形或卵状长圆形；侧萼片略斜歪；花瓣卵状椭圆形，略短于萼片，先端近急尖；唇瓣近宽卵形，凹陷，多少舟状，基部具圆锥形的短囊；蕊柱宽阔而短。花期5—6月。

产地：高州。

分布：云南。老挝、缅甸（模式标本采集地）、泰国、越南。

生境：次生林的林缘。

122. 地宝兰 *Geodorum densiflorum*（Lam.）Schltr.

濒危等级　环境保护部和中国科学院（2013）：LC；广东：VU

形态特征：假鳞茎块茎状，多个连接，位于地下，直径1.5~2cm，有节。叶2~3枚，在花期已长成，椭圆形、狭椭圆形或长圆状披针形；叶柄常套叠成假茎，有关节，外有数枚鞘。总状花序俯垂，具2~5朵花；花苞片线状披针形；花白色；萼片长圆形；侧萼片略斜歪；花瓣近倒卵状长圆形，与萼片近等长；唇瓣宽卵状长圆形。花期6—7月。

产地：深圳、阳江。

分布：广西、贵州、海南、香港、四川、台湾、云南。柬埔寨、印度（Malabaria，模式标本采集地）、印度尼西亚、日本、老挝、马来西亚、缅甸、新几内亚、斯里兰卡、泰国、越南。

生境：林下、溪旁、草坡。

123. 多花地宝兰 *Geodorum recurvum*（Roxb.）Alston

濒危等级 环境保护部和中国科学院（2013）：NT；广东：EN

形态特征：假鳞茎块茎状，多个相连，位于地下，直径1.5~2.5cm，有节。叶2~3枚，在花期已长成，椭圆状长圆形至椭圆形。花葶从植株基部鞘中发出，明显短于叶。总状花序俯垂，通常具10余朵稍密集的花；花苞片线状披针形，膜质；花白色，仅唇瓣中央黄色和两侧有紫条纹；萼片狭长圆形；侧萼片常比中萼片宽；花瓣倒卵状长圆形；唇瓣宽长圆状卵形；有短的蕊柱足。花期4—6月。

产地：高州。

分布：海南、云南。柬埔寨、印度（Coromandel海岸，模式标本采集地）、缅甸、泰国、越南。

生境：林下、灌丛中或林缘。

124. 大花斑叶兰 *Goodyera biflora*（Lindl.）Hook. f.

濒危等级 环境保护部和中国科学院（2013）：NT；广东：EN；陕西省重点保护野生植物

形态特征：植株高 5~15cm。根状茎伸长，茎状，匍匐，具节。茎直立，绿色，具 4~5 枚叶。叶片卵形或椭圆形，上面绿色，具由均匀细脉连接成的白色网状脉纹，背面淡绿色，有时带紫红色，具柄。花茎很短。总状花序，通常具 2 朵花，常偏向一侧；花苞片披针形；花大，长管状，白色或带粉红色，萼片线状披针形；花瓣白色；唇瓣白色，线状披针形；蕊柱短；花药三角状披针形。花期 2—7 月。

产地：封开、乳源、信宜。

分布：安徽、甘肃、贵州、河南、湖北、湖南、江苏、陕西、四川、台湾、西藏、云南、浙江。印度、日本、朝鲜、尼泊尔（模式标本采集地，*N. Wallich Cat. no. 7379*，K001127259）。

生境：林下阴湿处。

125. 多叶斑叶兰 *Goodyera foliosa*（Lindl.）Benth. ex C. B. Clarke

濒危等级 环境保护部和中国科学院（2013）：LC；广东：VU

形态特征：植株高15~25cm。根状茎伸长，茎状，匍匐，具节。茎直立，绿色，具4~6枚叶。叶疏生于茎上或集生于茎的上半部，叶片卵形至长圆形，偏斜。花茎直立。总状花序，具多朵密生而常偏向一侧的花；花苞片披针形；花中等大，半张开，白带粉红色、白带淡绿色或近白色；萼片狭卵形，凹陷；花瓣斜菱形；唇瓣基部凹陷呈囊状，囊半球形。花期7—9月。

产地：大埔、惠州、连州、龙门、乳源、仁化、深圳、翁源、新丰、信宜。

分布：香港。不丹、印度、日本、朝鲜、缅甸（模式标本采集地，*Griffith s.n.*，K）、尼泊尔、越南。

生境：林下或沟谷阴湿处。

126. 光萼斑叶兰 *Goodyera henryi* Rolfe

濒危等级 环境保护部和中国科学院（2013）：VU；覃海宁等（2017）：VU；广东：EN

形态特征：植株高10~15cm。根状茎伸长、茎状、匍匐，具节。茎直立，绿色，具4~6枚叶。叶常集生于茎的上半部，叶片为偏斜的卵形至长圆形。花茎长3~5cm。总状花序，具3~9朵密生的花，总花梗极短；花苞片披针形；花中等大，白色；萼片背面无毛，具1脉，中萼片长圆形；侧萼片斜卵状长圆形；花瓣菱形；唇瓣卵状舟形；花药披针形。花期8—10月。

产地：乐昌、连州。

分布：甘肃、广西、贵州、湖北（宜昌，模式标本采集地，*A. Henry 6878*，GH00090579，K000079088，K000079089，NY00008857）、湖南、江西、四川、台湾、云南、浙江。日本、朝鲜。

生境：林下阴湿处。

127. 花格斑叶兰 *Goodyera kwangtungensis* C. L. Tso

濒危等级 广东：VU

形态特征：植株高18~30cm。根状茎伸长，匍匐，具节。茎直立，长4~8cm，具3~5枚叶。叶片卵状椭圆形，上面深绿色，具白色有规则的斑纹，背面淡绿色，先端急尖，基部楔形。总状花序，具多数、偏向一侧的花；花苞片卵状披针形；花较大，白色，萼片长圆状披针形；侧萼片偏斜；花瓣长菱形；唇瓣卵状披针形，基部凹陷呈囊状，球形，前部披针形，长喙状，近急尖；蕊柱短。花期5—6月。

产地：乐昌（大洞，模式标本采集地，*陈念劬 42963*，IBSC0005433，PE00339616，PE00339617，PE00339618，WH08053978）、乳源。

分布：台湾。中国特有种。

生境：林下阴处。

128．垂叶斑叶兰 *Goodyera pendula* Maxim.

濒危等级 广东：EN；田怀珍等（2008）：EN

形态特征：茎长约 12cm，下垂，基部常匍匐。叶 6~14 枚，中部略大，向顶端逐渐缩小，披针形至卵形。花序下垂而后上升，呈 L 形，密被腺毛，花 15~40 朵，生长于同一侧；苞片披针形；花朵白色，萼片外面被毛；侧萼片卵状披针形；花瓣狭倒卵形至菱状披针形；唇瓣白色，基部具囊，先端略内弯；蕊柱白色；药帽心形，先端长渐尖；花粉团橙色；子房圆柱形，被疏毛。花期 8 月。

产地：乳源。

分布：台湾。日本（模式标本采集地，*Insulae Sikoku provincia Tosa: T. Makino s.n.*；*Nippon prov. Ise: Inuma s.n.*）。

生境：阔叶林中。

129. 高斑叶兰 *Goodyera procera*（Ker Gawl.）Hook.

濒危等级 环境保护部和中国科学院（2013）：LC；广东：NT

形态特征：植株高 22~80cm。根状茎短而粗，具节。茎直立，无毛，具 6~8 枚叶。叶片长圆形或狭椭圆形，上面绿色，背面淡绿色，先端渐尖，基部渐狭。花茎长 12~50cm，具 5~7 枚鞘状苞片。总状花序，具多数密生的小花，似穗状；花苞片卵状披针形；花小，白色带淡绿，芳香；萼片具 1 脉，中萼片卵形或椭圆形；侧萼片偏斜的卵形；花瓣匙形，白色；唇瓣宽卵形；蕊柱短而宽。花期 4—5 月。

产地：博罗、封开、高州、广州、惠东、蕉岭、连山、龙门、深圳、始兴、信宜、云浮、阳春、英德、肇庆。

分布：安徽、福建、广西、贵州、海南、香港、四川、台湾、西藏、云南、浙江。孟加拉国、不丹、柬埔寨、日本、印度、印度尼西亚、老挝、缅甸、尼泊尔（模式标本采集地，*cult. in N. Wallich s.n.*，BM）、菲律宾、斯里兰卡、泰国、越南。

生境：林下。

130. 小小斑叶兰 *Goodyera pusilla* Blume

濒危等级　环境保护部和中国科学院（2013）：VU；覃海宁等（2017）：VU；广东：CR

形态特征：又名始兴斑叶兰。植株高约 8cm。根状茎伸长，茎状，匍匐，具节。茎直立，带红色或红褐色，具 3~5 枚疏生的叶。叶片卵形至椭圆形，上面具由均匀细脉连接成的白色网脉纹，偶尔中肋处整个呈白色。花茎具 12 朵密生的花；花苞片卵状披针形；花小，红褐色，多偏向一侧；萼片背面无毛，中萼片椭圆形，与花瓣粘合呈兜状；侧萼片斜卵形，淡红褐色；花瓣斜菱状倒披针形。花期 8—9 月。

产地：始兴（罗坝镇东星社，本种异名 *Goodyera shixingensis* K. Y. Lang，模式标本的采集地，*L. Teng*（*邓良*）*7004*，PE01432212，WUK0192802）。

分布：香港、台湾、云南。马来西亚、印度尼西亚（Java，模式标本采集地，*C. L. Blume s.n.*，L）。

生境：林下阴湿处。

131. 斑叶兰 *Goodyera schlechtendaliana* Rchb. f.

濒危等级 环境保护部和中国科学院（2013）：NT；广东：VU；陕西省重点保护植物

形态特征：植株高 15~35cm。根状茎伸长，茎状，匍匐，具节。茎直立，具 4~6 枚叶。叶片卵形或卵状披针形，具白色不规则的点状斑纹，先端急尖，基部近圆形或宽楔形，具柄。花茎直立。总状花序，具几朵至 20 余朵疏生近偏向一侧的花；花较小，白色或带粉红色；萼片具 1 脉，中萼片狭椭圆状披针形，舟状，与花瓣粘合呈兜状；侧萼片卵状披针形；花瓣菱状倒披针形，无毛；唇瓣卵形；蕊柱短。花期 8—10 月。

产地：乐昌、和平、连州、梅州、乳源。

分布：安徽、福建、甘肃、广西、贵州、海南、河南、湖北、湖南、江苏、江西、陕西、山西、四川、台湾、西藏、云南、浙江。不丹、印度、印度尼西亚、日本（模式标本采集地，*Goring s.n.*）、尼泊尔、朝鲜、泰国、越南。

生境：山坡或沟谷阔叶林下。

132. 歌绿斑叶兰 *Goodyera seikoomontana* Yamamoto

濒危等级 环境保护部和中国科学院（2013）：VU；覃海宁等（2017）：VU；广东：EN

形态特征：植株高15~18cm。根状茎伸长，茎状，匍匐，具节。茎直立，绿色，具3~5枚叶。叶片椭圆形或长圆状卵形，颇厚，绿色。花茎长8~9cm。总状花序，具1~3朵花；花苞片披针形；花较大，绿色；中萼片卵形，凹陷，与花瓣粘合呈兜状；侧萼片向后伸张，椭圆形；花瓣偏斜的菱形；唇瓣卵形；蕊柱短；花药披针形。花期2月。

产地：深圳、信宜、阳山。

分布：香港、台湾（Seikoozan，模式标本采集地，*Yamamoto s.n.*，TAI）。中国特有种。

生境：林下。

133. 绒叶斑叶兰 *Goodyera velutina* Maxim. ex Regel

濒危等级 环境保护部和中国科学院（2013）：LC；广东：EN

形态特征：植株高 8~16cm。根状茎伸长、匍匐，具节。茎直立，暗红褐色，具 3~5 枚叶。叶片卵形至椭圆形，长 2~5cm，宽 1~2.5cm。总状花序，具 6~15 朵偏向一侧的花；花苞片披针形，红褐色；花中等大；萼片微张开，中萼片长圆形，与花瓣粘合呈兜状；侧萼片斜卵状椭圆形或长椭圆形；花瓣斜长圆状菱形；基部凹陷呈囊状，内面有腺毛，前部舌状，舟形，先端向下弯；蕊喙直立。花期 9—10 月。

产地：封开、河源、连州。

分布：福建、广西、海南、湖北、湖南、四川、台湾、云南、浙江。朝鲜、日本（模式标本采集地，*C. J. Maximowicz*，*s.n.*，LE）。

生境：林下阴湿处。

134. 绿花斑叶兰 *Goodyera viridiflora*（Blume）Lindl. ex D. Dietr.

濒危等级 环境保护部和中国科学院（2013）：LC；广东：EN

形态特征：植株高13~20cm。根状茎伸长，茎状，匍匐，具节。茎直立，绿色，具2~3（~5）枚叶。叶片为偏斜的卵形、卵状披针形或椭圆形。总状花序，具2~3（~5）朵花；花苞片卵状披针形，淡红褐色；花较大，绿色；萼片椭圆形，绿色或带白色，中萼片凹陷，与花瓣粘合呈兜状；侧萼片向后伸展；花瓣偏斜的菱形，白色；唇瓣卵形，舟状，较薄；蕊柱短；花药披针形。花期8—9月。

产地：深圳、信宜。

分布：福建、海南、江西、香港、台湾、云南。不丹、印度、印度尼西亚（Java，Gunong Salak，模式标本采集地，*C. L. Blume s.n.*，P00137122）、日本、马来西亚、新几内亚、尼泊尔、泰国、菲律宾、澳大利亚。

生境：林下、沟边阴湿处。

135. 毛葶玉凤花 *Habenaria ciliolaris* Kraenzl.

濒危等级 环境保护部和中国科学院（2013）：LC；广东：VU

形态特征：植株高 25~60cm。块茎肉质。茎粗，直立，圆柱形，近中部具 5~6 枚叶。叶片椭圆状披针形、倒卵状匙形或长椭圆形。总状花序，具 6~15 朵花；花苞片卵形；花白色或绿白色，中等大；中萼片宽卵形，凹陷；侧萼片反折；花瓣直立，不裂；唇瓣较萼片长，中裂片下垂，基部无胼胝体；距圆筒状棒形；药室基部伸长的沟与蕊喙臂伸长的沟两者靠合成细的管；柱头 2 个，隆起，长圆形。花期 7—9 月。

产地：博罗、高州、和平、连平、乳源、阳山。

分布：福建、甘肃、广西、贵州、海南、香港（模式标本采集地，*C. Ford 95*，K000796942）、湖北、湖南、江西、四川、台湾、浙江。越南。

生境：山坡或沟边林下阴处。

136. 鹅毛玉凤花 *Habenaria dentata*（Sw.）Schltr.

濒危等级　环境保护部和中国科学院（2013）：LC；广东：NT

形态特征：植株直立。块茎肉质。茎粗壮，直立，圆柱形，具3~5枚疏生的叶。叶片长圆形至长椭圆形，基部抱茎。总状花序，常具多朵花；花苞片披针形；花白色；中萼片宽卵形；侧萼片张开或反折；花瓣直立，镰状披针形，不裂；侧裂片近菱形或近半圆形；中裂片线状披针形或舌状披针形；距细圆筒状棒形，下垂；距口周围具明显隆起的凸出物；柱头2个，隆起呈长圆形，向前伸展。花期8—10月。

产地：大埔、惠东、蕉岭、仁化、乳源、深圳、翁源、阳春、阳山、云浮、肇庆、珠海。

分布：安徽、福建、广西、贵州、香港、湖北、湖南、江西、四川、台湾、西藏、云南（模式标本采集地，S-G-7390，P00426258，P00426259，P00426260）、浙江。柬埔寨、印度、日本、老挝、缅甸、尼泊尔、泰国、越南。

生境：山坡林下或沟边。

137．线瓣玉凤花 *Habenaria fordii* Rolfe

濒危等级 环境保护部和中国科学院（2013）：LC；广东：VU

形态特征：植株高30~60cm。块茎肉质，长椭圆形。茎粗壮，直立，近直立伸展的叶。叶片长圆状披针形或长椭圆形，叶之上具2至多枚披针形苞片状小叶。总状花序，具多数朵；花苞片卵状披针形；花白色，较大；中萼片宽卵形，凹陷；侧萼片斜半卵形，较中萼片稍长；花瓣直立，线状披针形；唇瓣长2.3~2.5cm，下部3深裂，中裂片线形，侧裂片丝状；距细圆筒状棒形，下垂。花期7—8月。

产地：博罗、封开、连平、和平、乳源、阳山。模式标本 *C. Ford 360*，K000796940，P00426413，P00426414，P00426504，采自广东。

分布：广西、云南。中国特有种。

生境：山坡或沟谷密林下阴处地上、岩石上覆土中。

138．粤琼玉凤花 *Habenaria hystrix* Ames

濒危等级　环境保护部和中国科学院（2013）：LC；广东：VU

形态特征：植株直立。块茎肉质，长圆形。茎粗壮，下部具5~6枚叶，向上有5~8枚疏生的苞片状小叶。叶片长椭圆形或长圆形。总状花序，具6~10朵花；花苞片卵形；花白色或绿白色；中萼片宽卵形；侧萼片反折；花瓣直立，斜三角状披针形；唇瓣较萼片长；侧裂片长；距圆筒状棒形；柱头2个，隆起，长椭圆形，长1.5mm；退化雄蕊2个，线形，长约2mm。花期8—9月。

产地：高州、始兴。

分布：海南、湖南。印度尼西亚、菲律宾（模式标本采集地）。

生境：山坡或沟谷林下。

139. 细裂玉凤花 *Habenaria leptoloba* Benth.

濒危等级 环境保护部和中国科学院（2013）：VU；覃海宁等（2017）：VU；广东：EN

形态特征：植株直立。块茎肉质，长圆形。茎较细长，直立，近基部具5~6枚叶，向上具2~5枚苞片状小叶。叶片披针形或线形。总状花序，具8~12朵花；花苞片披针形；花小，淡黄绿色；萼片淡绿色，中萼片宽卵形；侧萼片斜卵状披针形；花瓣带白绿色，直立，斜卵形，凹陷；唇瓣黄色，较长，先端钝；侧裂片叉开，先端钝；距细圆筒状，下垂或向后且向下伸展，末端钝。花期8—9月。

产地：惠州、深圳。

分布：香港（模式标本采集地，*Hance 1004*，K；*Harland s.n.*，K）。中国特有种。

生境：山坡林下阴湿处或草地，极少见。

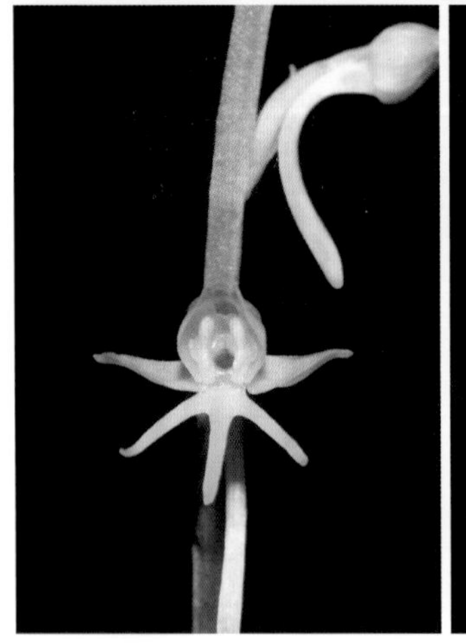

140．坡参 *Habenaria linguella* Lindl.

濒危等级 环境保护部和中国科学院（2013）：NT；广东：VU

形态特征：植株直立。块茎肉质。茎直立，圆柱形，具3~4枚较疏生的叶，苞片状小叶披针形。叶片狭长圆形至狭长圆状披针形。总状花序，具9~20朵密生的花；花小，细长，黄色或褐黄色；中萼片宽椭圆形；侧萼片反折，斜宽倒卵形；花瓣直立，斜狭卵形或斜狭椭圆形；中裂片线形；侧裂片钻状；距极细的圆筒形；蕊柱短；距口前方具很矮的环状物；退化雄蕊近长圆形。花期6—8月。

产地：博罗、惠东、清远、乳源、深圳、英德、肇庆。

分布：广西、贵州、海南、香港、云南。越南。模式标本材料采自中国（*Millet s.n.*，K-LINDL）。

生境：山坡林下或草地。

141. **南方玉凤花** *Habenaria malintana*（Blanco）Merr.

濒危等级 环境保护部和中国科学院（2013）：LC；广东：EN

形态特征：植株直立。块茎肉质，椭圆形。茎粗壮，圆柱形，具3~4枚疏生的叶，向上具5~6枚苞片状小叶。叶片长圆形或长圆状披针形，基部抱茎。总状花序，具10余朵密生的花；花苞片狭披针形；花中等大，白色；萼片长圆状披针形至卵状披针形，侧萼片稍偏斜，张开；花瓣狭长圆状披针形，不裂；唇瓣舌状披针形，通常无距，罕具短距；柱头2个，隆起，下部合生呈板状。花期10—11月。

产地：博罗。

分布：广西、海南、四川、云南、浙江。印度、缅甸、泰国、越南、菲律宾（模式标本采集地）、马来西亚。

生境：山坡林下或草地。

142. 丝瓣玉凤花 *Habenaria pantlingiana* Kraenzl.

濒危等级 环境保护部和中国科学院（2013）：LC；广东：EN

形态特征：植株直立。块茎肉质，长圆形。茎粗壮，圆柱形，中部具6~7枚叶，向上有2~7枚苞片状小叶。叶片长圆状披针形或倒卵状披针形。总状花序，具多数密生的花；花苞片披针形；花绿色，较大；中萼片卵状披针形，直立；侧萼片反折；花瓣基部2深裂，裂片长；唇瓣基部3深裂；距细圆筒状，下垂；药隔顶部近截平，药室略叉开；柱头2个，隆起，从蕊喙下伸出；退化雄蕊卵圆形。花期8—10月。

产地：阳山。

分布：安徽、福建、广西、贵州、湖南、江西、四川、台湾、云南、浙江。印度（锡金，模式标本采集地，*R. Pantling 415*，K000247416）、日本、尼泊尔、越南。

生境：阔叶林下。

143. 裂瓣玉凤花 *Habenaria petelotii* Gagnep.

濒危等级 环境保护部和中国科学院（2013）：DD；广东：EN

形态特征：植株直立。块茎长圆形，肉质。茎粗壮，圆柱形，直立，中部集生5~6枚叶。叶片椭圆形或椭圆状披针形。总状花序，具3~12朵疏生的花；花苞片狭披针形；花淡绿色或白色，中等大；中萼片卵形；侧萼片张开；花瓣从基部2深裂，裂片线形；下裂片与唇瓣的侧裂片并行；距圆筒状棒形，下垂，末端钝；柱头突起2个，长圆形。花期7—9月。

产地：乳源。

分布：福建、广西、贵州、江西、浙江、安徽、湖南、四川、云南。越南（Cha-pa，模式标本采集地，*P. A. Pételot 5157*，P00439664）。

生境：山坡或沟谷林下。

144. 肾叶玉凤花 *Habenaria reniformis*（D. Don）Hook. f.

濒危等级 环境保护部和中国科学院（2013）：LC；广东：DD

形态特征：植株直立。块茎肉质，圆球形。茎较纤细，基部具1~2枚叶，向上疏生3~4枚苞片状小叶。叶片肉质，近平展，圆形、卵状心形或宽卵形。总状花序，疏生4~5朵花；花苞片小，披针形。花较小，绿色；中萼片直立；侧萼片张开或反折，斜卵状披针形；花瓣直立，斜狭披针形，镰状；唇瓣较萼片稍长或等长，线形；距常不存在；柱头2个。花期10月。

产地：珠江口岛屿。

分布：海南、香港。柬埔寨、印度、尼泊尔（模式标本采集地，*N. Wallich s.n.*，BM）、泰国、越南。

生境：山坡林下草丛中。

145．橙黄玉凤花 *Habenaria rhodocheila* Hance

濒危等级 环境保护部和中国科学院（2013）：LC；广东：NT

形态特征：植株直立。块茎肉质。茎粗壮，下部具4~6枚叶，向上具1~3枚苞片状小叶。叶片线状披针形至近长圆形。总状花序，具2~10朵疏生的花；花苞片卵状披针形；萼片和花瓣绿色，唇瓣橙黄色、橙红色或红色；中萼片直立，凹陷；侧萼片长圆形；花瓣直立，匙状线形；唇瓣向前伸展，轮廓卵形；中裂片2裂；距细圆筒状，污黄色；蕊喙大；柱头2个。蒴果纺锤形。花期7—8月。果期10—11月。

产地：博罗、德庆、大埔、封开、高州、广州、惠阳、连南、连平、连山、龙门、罗定、清远（飞来寺，模式标本采集地，*Th. Sampson*，*Herb prop. 11332*，BM000958054）、仁化、深圳、始兴、翁源、信宜、阳春、阳山、英德、肇庆。

分布：福建、广西、贵州、海南、香港、湖南、江西。柬埔寨、老挝、马来西亚、菲律宾、泰国、越南。

生境：山坡或沟谷林下阴处地上、岩石上覆土中。

146．十字兰 *Habenaria schindleri* Schltr.

濒危等级 环境保护部和中国科学院（2013）：VU；覃海宁等（2017）：VU；广东：EN

形态特征：植株直立。块茎肉质，长圆形或卵圆形。茎直立，圆柱形，具多枚疏生的叶。中下部的叶4~7枚，其叶片线形。总状花序，具10~20朵花；花苞片线状披针形至卵状披针形；花白色，无毛；花瓣直立，2裂；唇瓣向前伸，近基部的1/3处3深裂呈十字形；中裂片劲直；侧裂片与中裂片垂直伸展，向先端增宽且具流苏；距下垂，近末端突然膨大，粗棒状，向前弯曲。花期7—10月。

产地：仁化、乳源。

分布：安徽、福建、河北、湖南、吉林、江苏、江西（庐山，模式标本采集地，*K. Schindler 317b*）、辽宁、浙江。日本，以及朝鲜半岛。

生境：山坡林下或沟谷草丛中。

147. 叉唇角盘兰 *Herminium lanceum*（Thunb. ex Sw.）Vuijk

濒危等级 环境保护部和中国科学院（2013）：LC；广东：EN；陕西省重点保护野生植物

形态特征：植株直立。块茎圆球形或椭圆形，肉质。茎直立，中部具3~4枚疏生的叶。叶互生，叶片线状披针形。总状花序，具多数密生的花；花苞片披针形；花小，黄绿色或绿色；中萼片卵状长圆形或长圆形；侧萼片长圆形或卵状长圆形；花瓣线形；唇瓣轮廓为长圆形，无距，中部通常缢缩，在中部或中部以上呈叉状3裂，侧裂片线形或线状披针形；中裂片披针形或齿状三角形；退化雄蕊2个。花期6—8月。

产地：封开、连州。

分布：安徽、福建、甘肃、广西、贵州、河南、湖北、湖南、江西、陕西、四川、台湾、云南、浙江。日本、朝鲜、韩国、不丹、印度、尼泊尔，以及中南半岛。

生境：山坡杂木林至针叶林下、竹林下、灌丛下或草地中。

148. 全唇盂兰 *Lecanorchis nigricans* Honda

濒危等级 广东：EN

形态特征：植株直立，具坚硬的根状茎。茎直立，常分枝，无绿叶。总状花序，具数朵花，顶生；花苞片卵状三角形；花淡紫色；萼片狭倒披针形；侧萼片略斜歪；花瓣倒披针状线形，与萼片大小相近；唇瓣亦为狭倒披针形，不与蕊柱合生，不分裂，与萼片近等长，上面多少具毛；蕊柱细长，白色。花期不定，主要见于夏、秋季。

产地：广州、惠东。

分布：福建、海南、台湾。日本（Hondo，Iwada，Prov. Kii，模式标本采集地，*K. Kashiyama*，TI）。

生境：林下阴湿处。

149．镰翅羊耳蒜 *Liparis bootanensis* Griff.

濒危等级 环境保护部和中国科学院（2013）：LC；广东：NT

形态特征：附生草本。假鳞茎密集，卵形、卵状长圆形或狭卵状圆柱形，顶端生1枚叶。叶狭长圆状倒披针形、倒披针形至近狭椭圆状长圆形；花序柄略压扁，两侧具很狭的翅。总状花序，外弯或下垂，具数朵至20余朵花；花苞片狭披针形；花通常黄绿色；中萼片近长圆形；花瓣狭线形。蒴果倒卵状椭圆形。花期8—10月，果期3—5月。

产地：博罗、封开、广宁、广州、怀集、乐昌、连山、龙门、罗定、曲江、乳源、深圳、始兴、翁源、新丰、信宜、阳春、阳山、英德、肇庆。

分布：福建、广西、贵州、海南、香港、江西、四川、台湾、西藏、云南。不丹（Khasyah Hills，模式标本采集地，*Griffith*，*Herb. no. 1460*，K000943030，K000873778）、印度、印度尼西亚、日本、马来西亚、缅甸、菲律宾、泰国、越南。

生境：林缘、林中或山谷阴处的树上或岩壁上。

150．褐花羊耳蒜 *Liparis brunnea* Ormerod

濒危等级 广东：EN

形态特征：假鳞茎宽椭球形到近四方形，近截形，两侧压扁，具1或2枚叶，基部被叶和3片叶鞘包裹，（5~7）mm×（3~5）mm。叶（10~17.5）mm×（7~11）mm，卵状椭圆形到近圆形。花序随着假鳞茎和叶的发育而伸出，直立，长15~65mm，总花梗具狭翅，长15~39mm，具1~5朵花；花苞片卵状披针形，渐尖，长达0.8mm。子房连同柄圆柱形，长7.5~11mm。花棕色；中萼片线形，反折；侧萼线形，先端钝，1脉，约7mm×1mm；花瓣约7mm×0.5mm，线形，反折；唇瓣约8.5mm×7mm，近方形，顶凹，基部具1枚肉质2裂的胼胝体；蕊柱约4mm长，弧形，先端具狭翅。花期3月（Ormerod，2007）。

产地：广州（从化区吕田三角山陈禾洞村，模式标本采集地，*曾怀德 24983*，HUH00264828）。广东特有种。

生境：湿润的树下或潮湿处的石上。

151. 丛生羊耳蒜 *Liparis cespitosa*（Thouars）Lindl.

濒危等级 广东：DD

形态特征：附生草本，较矮小。假鳞茎密集，卵形、狭卵形至近圆柱形，顶端具1枚叶。叶倒披针形或线状倒披针形，有关节。花序柄稍扁的圆柱形，两侧具狭翅。总状花序，具多花；花绿色或绿白色；花瓣狭线形；唇瓣近宽长圆形，边缘有时稍呈波状；蕊柱稍向前弯曲，顶端扩大，有宽阔的药床。蒴果近椭球形。花期6—10月，果期10—11月。

产地：深圳。

分布：海南、西藏、云南。非洲、亚洲及太平洋岛屿。

生境：林中或荫蔽处的树上、岩壁上、岩石上。

152．大花羊耳蒜 *Liparis distans* C. B. Clarke

濒危等级 环境保护部和中国科学院（2013）：LC；广东：VU

形态特征：附生草本。假鳞茎密集，近圆柱形或狭卵状圆柱形，长（2~）3~9.5cm，顶端或近顶端具2枚叶。叶倒披针形或线状倒披针形，纸质。总状花序，具数朵至10余朵花；花苞片近钻形；花黄绿色或橘黄色；萼片线形；侧萼片常略短于中萼片；花瓣近丝状；唇瓣宽长圆形、宽椭圆形至圆形；蕊柱长5~6mm，上部具狭翅，基部稍扩大。蒴果狭倒卵状长圆形。花期10月至翌年2月，果期6—7月。

产地：信宜。

分布：广西、贵州、海南、台湾、云南。印度（Kohima，模式标本采集地，*C. B. Clarke 41071*，K000387820；*C. B. Clarke 41574*，K000387821）、老挝、泰国、越南。

生境：林中或沟谷旁树上或岩石上，喜阴。

153．紫花羊耳蒜 *Liparis gigantea* C. L. Tso

濒危等级 环境保护部和中国科学院（2013）：LC；广东：VU

形态特征：地生草本，较高大。茎（或假鳞茎）圆柱状，有数节。叶3~6枚，椭圆形、卵状椭圆形或卵状长圆形。总状花序，具数朵至20余朵花；花苞片很小，卵形；花深紫红色，较大；中萼片线状披针形；侧萼片卵状披针形；花瓣线形或狭线形；唇瓣倒卵状椭圆形或宽倒卵状长圆形；蕊柱两侧有狭翅。蒴果倒卵状长圆形。花期2—5月，果期11月。

产地：深圳、信宜（大雾岭三叉口，模式标本采集地，*高锡朋 51255*，IBSC0005437，PE00027287，PE00027182）。

分布：广西、贵州、海南、香港、台湾、西藏、云南。泰国、越南。

生境：常绿阔叶林下或阴湿的岩石覆土上。

154. 广东羊耳蒜 *Liparis kwangtungensis* Schltr.

濒危等级　环境保护部和中国科学院（2013）：LC；广东：VU

形态特征：附生草本，较矮小。假鳞茎近卵形或卵圆形，顶端具1枚叶。叶近椭圆形或长圆形，纸质。总状花序，具数朵花；花苞片狭披针形；花绿黄色，很小；萼片宽线形；侧萼片比中萼片略短而宽；花瓣狭线形；唇瓣倒卵状长圆形；蕊柱长2.5~3mm，稍向前弯曲，上部具翅。蒴果倒卵形。花期10月。

产地：博罗（罗浮山，模式标本采集地，*E. D. Merrill 10353*，HUH）、梅州、乳阳。

分布：福建、广西、贵州、湖南、四川。中国特有种。

生境：林下或溪谷旁岩石上。

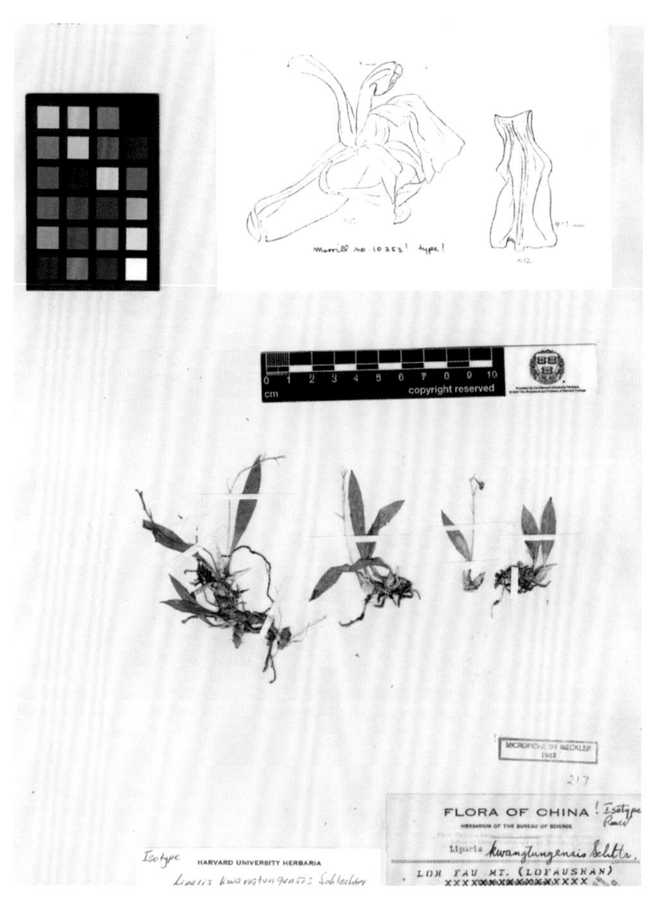

155. 黄花羊耳蒜 *Liparis luteola* Lindl.

濒危等级 环境保护部和中国科学院（2013）：VU；覃海宁等（2017）：VU；广东：EN

形态特征：附生草本，较矮小。假鳞茎稍密集，近卵形，顶端具 2 枚叶。叶线形或线状倒披针形，纸质，有关节。花序柄略压扁，两侧有狭翅。总状花序，具数朵至 10 余朵花；花苞片披针形；花乳白绿色或黄绿色；萼片披针状线形或线形；侧萼片通常略宽于中萼片；花瓣丝状；唇瓣长宽长圆状倒卵形；蕊柱纤细，稍向前弯曲，上部具翅。蒴果倒卵形。花果期 12 月至翌年 2 月。

产地：乳源、阳春。

分布：海南。孟加拉国（Pundua，模式标本采集地，*N. Wallich Cat. no. 1944*，BM000088648，G00354680，G00354684，K001114789，M0226375，P00327730）、印度、缅甸、泰国、越南。

生境：林中树上或岩石上。

156. 南岭羊耳蒜 *Liparis nanlingensis* H. Z. Tian & F. W. Xing

濒危等级 广东：EN；Tian *et al.*（2012）: CR

形态特征：附生草本。假鳞茎卵球形，直径约 5mm，被膜质鞘包裹。叶 2 枚，卵形；叶柄被边缘苍白色，被 2~3 叶鞘包被。花序具 6~25 朵花，花苞片披针形。花紫红色；花梗和子房紫色；中萼片线状披针形；侧萼片镰状，基部边缘反卷；花瓣线形；唇瓣宽长圆形，反卷且基部变窄，紫红色，基部边缘绿色，中间纵向凹陷，顶端乳突状尾尖；蕊柱紫红色，两侧具微翅；药帽绿色或紫色。蒴果近球形。花期 4 月，果期 8 月（Tian *et al.*，2012）。

产地：乳源（南岭鸡公坑，模式标本采集地，*田怀珍 517*，IBSC）。广东特有种。

生境：海拔 1 480m 山地的树干上。

157．见血青 *Liparis nervosa*（Thunb.）Lindl.

濒危等级 环境保护部和中国科学院（2013）：LC；广东：LC

形态特征：地生草本。茎（或假鳞茎）圆柱状，肥厚，肉质，有数节。叶2~5枚，卵形至卵状椭圆形。花葶发自茎顶端。总状花序，通常具数朵至10余朵花；花序轴有时具很狭的翅；花苞片很小；花紫色；中萼片线形或宽线形；侧萼片狭卵状长圆形；花瓣丝状；唇瓣长圆状倒卵形；蕊柱较粗壮。蒴果倒卵状长圆形或狭椭圆形。花期2—7月，果期10月。

产地：广东大部分地区。

分布：福建、广西、贵州、香港、湖南、江西、四川、台湾、西藏、云南、浙江。孟加拉国、柬埔寨、印度、印度尼西亚、日本（模式标本采集地，*Thunberg s.n.*）、老挝、马来西亚、缅甸、尼泊尔、新几内亚、菲律宾、斯里兰卡、泰国、越南，以及非洲、美洲。

生境：林下、溪谷旁、草丛阴处或岩石覆土上，喜土层深厚处。

158. 香花羊耳蒜 *Liparis odorata*（Willd.）Lindl.

濒危等级 环境保护部和中国科学院（2013）：LC；广东：EN

形态特征：地生草本。假鳞茎近卵形，长 1.3~2.2cm，有节，外被白色的薄膜质鞘。叶 2~3 枚，狭椭圆形、卵状长圆形、长圆状披针形或线状披针形；花葶明显高出叶面。总状花序，疏生数朵至 10 余朵花；花苞片披针形；花绿黄色或淡绿褐色；侧萼片卵状长圆形；花瓣近狭线形；唇瓣倒卵状长圆形；蕊柱稍向前弯曲，两侧有狭翅，向上翅渐宽。蒴果倒卵状长圆形或椭圆形。花期 4—7 月，果期 10 月。

产地：乐昌、云浮。

分布：广西、贵州、海南、香港、湖北、湖南、江西、四川、台湾、西藏、云南。不丹、印度（模式标本采集地）、日本、老挝、缅甸、尼泊尔、泰国、越南，以及太平洋群岛。

生境：林下、疏林下或山坡草丛中。

159．长唇羊耳蒜 *Liparis pauliana* Hand.-Mazz.

濒危等级 环境保护部和中国科学院（2013）：LC；广东：EN；陕西省重点保护野生植物

形态特征：地生草本。假鳞茎卵形或卵状长圆形，长 1~2.5cm。叶通常 2 枚，卵形至椭圆形。花葶通常比叶长 1 倍以上。总状花序，通常疏生数朵花，较少多花或减退为 1~2 朵花；花苞片卵形或卵状披针形；花淡紫色，但萼片常为淡黄绿色；萼片线状披针形；侧萼片稍斜歪；花瓣近丝状；唇瓣倒卵状椭圆形；蕊柱向前弯曲，顶端具翅，基部扩大、肥厚。蒴果倒卵形。花期 5 月，果期 10—11 月。

产地：乳源。

分布：安徽、重庆、广西、贵州、湖北、湖南（模式标本采集地，*H. R. E. Handel-Mazzetti 12055*，WU0061602，C10016266）、江西、云南、浙江。中国特有种。

生境：林下阴湿处或岩石缝中。

160．插天山羊耳蒜 *Liparis sootenzanensis* Fukuy.

濒危等级 广东：DD

形态特征：地生草本。茎圆柱状，肥厚，肉质，有数节。叶数枚，无关节。花葶粗壮，横断面呈多角形，有狭翅。总状花序，具10余朵花；花苞片卵形；花淡绿色；萼片狭椭圆形；侧萼片稍斜歪；花瓣丝状；唇瓣倒卵形，上部边缘具细齿；蕊柱向前弯曲。蒴果淡绿色。花期4—5月。

产地：深圳。广东分布新记录。

分布：贵州、台湾（模式标本采集地，*N. Fukuyama 4104*）。越南。

生境：疏林下。

161. 扇唇羊耳蒜 *Liparis stricklandiana* Rchb. f.

濒危等级 环境保护部和中国科学院（2013）：LC；广东：VU

形态特征：附生草本，较高大。假鳞茎密集，近长圆形，顶端或近顶端具2枚叶。叶倒披针形或线状倒披针形；花序柄扁圆柱形，两侧具翅。总状花序，具10余朵花；花苞片钻形；花绿黄色；萼片狭倒卵形、长圆形至长圆状倒卵形；侧萼片常略宽于中萼片；花瓣近丝状；唇瓣扇形；蕊柱纤细，近直立或稍向前弯曲，顶端具狭翅。蒴果倒卵状椭圆形。花期10月至翌年1月，果期4—5月。

产地：博罗、广州、信宜、阳春、肇庆。

分布：广西、贵州、海南、香港、云南。不丹、印度（模式标本采集地，*C. W. Strickland s.n.*，W）。

生境：林中树上或山谷阴处石壁上。

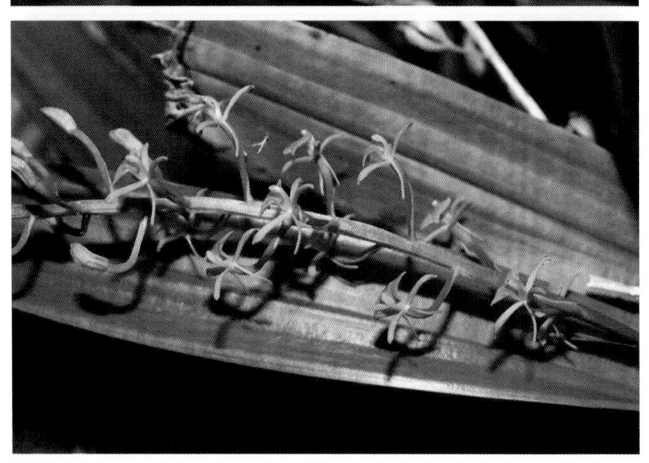

162. 吉氏羊耳蒜 *Liparis tsii* H. Z. Tian & A. Q. Hu

濒危等级 广东：CR；Tian *et al.*（2016）：CR

形态特征：地生或附生植物。假鳞茎卵球形，被膜质鞘。新芽总是从上年假鳞茎的一侧长出。叶2枚，卵形，基部收窄成叶柄。叶柄被2~3枚相互覆盖的叶鞘。总状花序，具4~10朵花；花苞片宽披针形，淡黄绿色。花深紫红色，花梗和子房紫红色；中萼片线状披针形至披针形，边缘反卷；侧萼片镰状披针形；花瓣线形，开展；唇瓣长圆状卵形，紫色，在纵向凹陷中间带有5~7暗红紫色条带；合蕊柱直立，上面绿色，下面紫红色；药帽深紫红色。蒴果椭球形。花期4月，果期8月（Tian *et al.*，2016）。

产地：乳源（模式样本采集地，*田怀珍 516*，IBSC）。广东特有种。

生境：海拔750~1 450m生有苔藓的湿润斜坡上。

163. 长茎羊耳蒜 *Liparis viridiflora*（Blume）Lindl.

濒危等级 环境保护部和中国科学院（2013）：LC；广东：NT

形态特征：附生草本，较高大。假鳞茎稍密集，通常为圆柱形，顶端具2枚叶。叶线状倒披针形或线状匙形。花序柄略压扁。总状花序，具数十朵花；花苞片狭披针形；花绿白色或淡绿黄色；中萼片近椭圆状长圆形；侧萼片卵状椭圆形；花瓣狭线形；唇瓣近卵状长圆形；蕊柱顶端有翅。蒴果倒卵状椭圆形。花期9—12月，果期翌年1—4月。

产地：博罗、惠东、惠阳、深圳、翁源、信宜、阳春、肇庆。

分布：广西、海南、香港、台湾、四川、西藏、云南。孟加拉国、不丹、柬埔寨、印度、印度尼西亚（Java，模式标本采集地，*C. L. Blume s.n.*，L0061587）、老挝、马来西亚、缅甸、尼泊尔、菲律宾、斯里兰卡、泰国、越南，以及太平洋群岛。

生境：林中或山谷阴处的树上、岩石上。

164. 血叶兰 *Ludisia discolor*（Ker Gawl.）Blume

濒危等级　环境保护部和中国科学院（2013）：LC；广东：EN

形态特征：植株直立。根状茎伸长，匍匐，具节。茎直立，在近基部具 2~4 枚叶。叶片卵形或卵状长圆形，先端急尖或短尖。总状花序，具几朵至 10 余朵花，顶生；花苞片卵形或卵状披针形；花白色或带淡红色；中萼片卵状椭圆形；侧萼片偏斜的卵形或近椭圆形；花瓣近半卵形。唇瓣基部的囊 2 浅裂，囊内具 2 枚肉质的胼胝体；蕊柱下部变细，顶部膨大。花期 2—4 月。

产地：博罗、广州、深圳、云浮。

分布：广西、海南、香港、云南。印度、印度尼西亚、马来西亚、缅甸、菲律宾、泰国、越南，以及大洋洲。

生境：山坡或沟谷常绿阔叶林下阴湿处。

165. 葱叶兰 *Microtis unifolia*（G. Forst.）Rchb. f.

濒危等级 环境保护部和中国科学院（2013）：LC；广东：VU

形态特征：块茎较小，近椭圆形。茎基部有膜质鞘。叶1枚，生于茎下部，叶片圆筒状。总状花序，通常具10余朵花；花苞片狭卵状披针形；花绿色或淡绿色；中萼片宽椭圆形；侧萼片近长圆形或狭椭圆形；花瓣狭长圆形；唇瓣近狭椭圆形舌状，无距；蕊柱极短，顶端有2个耳状物。蒴果椭圆形。花果期5—6月。

产地：丰顺、饶平。

分布：安徽、福建、广西、湖南、江西、四川、台湾、浙江。印度尼西亚、日本、菲律宾、澳大利亚、新西兰（模式标本采集地），以及太平洋群岛。

生境：草坡上或阳光充足的草地上。

166. 阿里山全唇兰 *Myrmechis drymoglossifolia* Hayata

濒危等级 环境保护部和中国科学院（2013）：LC；广东：EN

形态特征：植株矮小。根状茎纤细，具节，节上生根。茎斜上，白色带红，具数枚叶。叶片卵形或圆状卵形。花序具1~2朵花，顶生；花序轴纤细，被毛；花苞片披针形；花白色；萼片披针形；花瓣斜歪，狭卵形；唇瓣呈Y形，前部扩大成2裂，裂片长圆形，叉开，基部扩大，凹陷呈囊状，囊内具2枚肉质、近长方形、顶部2齿状的胼胝体。花期5—8月。

产地：深圳、信宜。

分布：福建、广西、海南、台湾（阿里山，模式标本采集地，*U. Faurie 929*）。中国特有种。

生境：林下阴湿处。

167. 宽瓣全唇兰 *Myrmechis urceolata* Tang & K. Y. Lang

濒危等级 环境保护部和中国科学院（2013）：VU；覃海宁等（2017）：VU；广东：EN

形态特征：植株直立。根状茎匍匐，具节，节上生根。茎近肉质，直立，具叶。叶片卵形，基部圆钝具柄。总状花序，具 1~3 朵花，顶生；花苞片卵状三角形；花白色或粉红色，不甚张开；萼片长圆状卵形。中萼片凹陷呈舟状；侧萼片基部围抱唇瓣，先端渐狭，钝；花瓣宽卵形。花期 5—7 月。

产地：乳源、信宜（分水坳，平河，模式标本采集地，*高锡朋 51443*，PE00522794，PE00522795）。

分布：海南、云南。中国特有种。

生境：山坡林下阴湿处。

168．云叶兰 *Nephelaphyllum tenuiflorum* Blume

濒危等级 环境保护部和中国科学院（2013）：VU；覃海宁等（2017）：VU；广东：EN

形态特征：植株匍匐状。根状茎肉质，被长约 1cm 的膜质鞘。假鳞茎叶柄状，肉质，细圆柱形，顶生 1 枚叶。叶卵状心形，无柄。总状花序，疏生 1~3 朵花；花苞片膜质，披针形；萼片近相似，倒卵状狭披针形；花瓣等长于萼片而稍宽；唇瓣近椭圆形；唇盘密布长毛，近先端处簇生流苏状的附属物；距末端稍凹入；蕊柱稍扁。花期 6 月。

产地：深圳。

分布：海南、香港（本种异名 *Nephelaphyllum cristatum* Rolfe 的模式标本 *C. Ford 48*，K000943499；*C. Ford 254*, K000943497 的采集地）。印度尼西亚（Java，模式标本采集地，*采集人不详 632*，K000943501）、马来西亚、泰国、越南。

生境：山坡林下。

169. 毛唇芋兰 *Nervilia fordii*（Hance）Schltr.

濒危等级 环境保护部和中国科学院（2013）：NT；广东：EN

形态特征：块茎圆球形。叶 1 枚，在花凋谢后长出，淡绿色，质地较薄，干后带黄色，心状卵形。总状花序，具 3~5 朵花；花苞片线形，反折；花梗细，常多少下弯；花半张开；萼片和花瓣淡绿色，具紫色脉，近等大；唇瓣白色，具紫色脉，倒卵形；侧裂片三角形，先端急尖；中裂片横的椭圆形，先端钝。花期 5 月。

产地：博罗（罗浮山，模式标本采集地，*C. Ford*，*Her. prop. 22301*，BM000061411）、封开、怀集、连州、乳源、阳春、阳山、云浮。

分布：广西、四川。泰国。

生境：山坡或沟谷林下阴湿处。

170. 毛叶芋兰 *Nervilia plicata*（Andrews.）Schltr.

濒危等级　环境保护部和中国科学院（2013）：VU；广东：EN

形态特征：块茎圆球形。叶1枚，在花凋谢后长出，为带圆的心形，基部心形。总状花序，具2~3朵花；花苞片披针形，短小；花多少下垂，半张开；萼片和花瓣棕黄色或淡红色，具紫红色脉；唇瓣带白色或淡红色，具紫红色脉，凹陷，摊平后为近菱状长椭圆形；侧裂片小，先端钝圆或钝，直立；中裂片明显较侧裂片大，近四方形或卵形。花期5—6月。

产地：封开、惠东。

分布：福建、甘肃、广西、海南、香港、四川、云南。孟加拉国、印度（印度东部，模式标本采集地）、印度尼西亚、老挝、马来西亚、缅甸、新几内亚、菲律宾、泰国、越南、澳大利亚，以及太平洋群岛。

生境：林下或沟谷阴湿处。

171. 麻栗坡三蕊兰 *Neuwiedia malipoensis* Z. J. Liu，L. J. Chen & K. W. Liu

濒危等级 **广东：DD；Liu *et al.*（2012）: EN**

形态特征：陆生草本；根状茎 13~15cm，直径 1.5~1.7cm，具明显的节。叶多枚，近簇生于短的茎上。叶片长圆形至披针形。总状花序，有花 20 余朵；花略两侧对称，白色；萼片狭椭圆形，先端具芒尖，背面具腺毛；唇瓣近宽倒卵形，边缘具缺刻，基部收狭成近圆柱状的爪；合蕊柱直立。果实椭圆体形。花期 7—8 月（Liu *et al.*，2012）。

产地：深圳。

分布：云南（麻栗坡，模式标本采集地，*Z. J. Liu 4058*，NOCC）。中国特有种。

生境：林下。

172. 三蕊兰 *Neuwiedia singapureana*（Wall. ex Baker）Rolfe

濒危等级 环境保护部和中国科学院（2013）：EN；覃海宁等（2017）：EN；广东：EN

形态特征：植株直立；根状茎向下垂直生长，具节，节上发出略带木质并呈支柱状的根。叶多枚，近簇生于短的茎上；叶片披针形至长圆状披针形。总状花序，具10余朵或更多的花，有腺毛；花苞片卵形或卵状披针形；花绿白色；花瓣倒卵形或宽楔状倒卵形；唇瓣与侧生花瓣相似；蕊柱近直立；侧生雄蕊花丝扁平；中央雄蕊花丝较窄而长；花药线形。果实未成熟，椭圆形。花期5—6月。

产地：深圳、阳春。

分布：海南、香港、云南。印度尼西亚、马来西亚、新加坡（模式标本采集地，*N. Wallich List n. 5195*，K-WALL）、泰国、越南。

生境：林下。

保育现状：本种种群和个体量比较少，在香港被评估为EN（Barretto *et al.*，2011）。

173．狭叶鸢尾兰 *Oberonia caulescens* Lindl.

濒危等级 环境保护部和中国科学院（2013）：NT；广东：EN

形态特征：茎明显。叶5~6枚，2列，互生于茎上，两侧压扁。花葶生于茎顶端；不育苞片披针形。总状花序，具数十朵或更多的花；花序轴较纤细；花苞片披针形；花淡黄色或淡绿色，较小；中萼片卵状椭圆形；侧萼片近卵形；花瓣近长圆形；唇瓣轮廓为倒卵状长圆形或倒卵形；蕊柱粗短，直立。蒴果倒卵状椭圆形。花果期7—10月。

产地：乳源、信宜（分水坳，平河，本种的异名 *Oberonia pterorachis* C. L. Tso 模式标本采集地，*高锡朋 51333* IBSC0005444，IBSC0637142，IBSC0637143，IBSC0637144，IBSC0637145，KUN0024223，PE00027296，PE00027297，SYS00095453，WH08053978）。

分布：四川、台湾、西藏、云南。不丹、印度、尼泊尔（模式标本采集地，*N. Wallich Cat. no. 1950*，K001114800）、越南。

生境：林中树上或岩石上。

174. 小叶鸢尾兰 *Oberonia japonica*（Maxim.）Makino

濒危等级 环境保护部和中国科学院（2013）：LC；广东：EN

形态特征：茎明显。叶数枚，基部 2 列套叠，两侧压扁，线状披针形。花葶从茎顶端叶间抽出，较纤细。总状花序，具多数小花；花苞片卵状披针形；花黄绿色至橘红色，很小；萼片宽卵形至卵状椭圆形；侧萼片常略大于中萼片；花瓣近长圆形或卵形；唇瓣轮廓为宽长圆状卵形；侧裂片位于唇瓣基部两侧，卵状三角形；中裂片椭圆形，宽长圆形或近圆形。花期 4—7 月。

产地：乳源。

分布：福建、台湾。日本（模式标本采集地，*Kiusiu: Siebold s.n.*；*Nippon*，*Yokoska: P. A. L. Savatier 3062*，P00404920）、朝鲜。

生境：林中树上或岩石上。

175. 小沼兰 *Oberonioides microtatantha*（Schltr.）Szlach.

濒危等级 广东：NT

形态特征：地生小草本。假鳞茎小，卵形或近球形。叶 1 枚，卵形至宽卵形。花葶直立，纤细，常紫色。总状花序，通常具 10~20 朵花；花苞片宽卵形；花很小，黄色；中萼片宽卵形至近长圆形；侧萼片三角状卵形；花瓣线状披针形或近线形；唇瓣位于下方，近披针状三角形或舌状；耳线形或狭长圆形；蕊柱粗短，长约 0.3mm。花期 4 月。

产地：潮安、乳源。

分布：福建（闽江上游Yuen Fu Gorges，模式标本采集地，*S. T. Dunn*，*Hongkong Herbarium 3545*，K）、江西、台湾。中国特有种。

生境：林下或阴湿处的岩石上。

176. 广东齿唇兰 *Odontochilus guangdongensis* S. C. Chen，S. W. Gade & P. J. Cribb

濒危等级 环境保护部和中国科学院（2013）：LC；广东：EN；Tian & Xing（2008）: EN

形态特征：又名南岭叠鞘兰。菌根营养草本。根肉质，纤细。茎直立，无叶，有许多抱茎的鞘，膜质，有微毛。花序柄着生 4~9 朵小花；萼片浅黄褐色；侧萼片稍开展，狭卵形；花瓣浅黄色，线状披针形；唇黄色，呈 Y 形，基部略扩大呈凹形；蕊柱短。果红色，椭圆形。花期 8 月，果期 8—10 月（Tian & Xing，2008）。

产地：乳源（南岭小黄山，模式标本采集地，*H. Z. Tian & C. H. Li 67*，IBSC）。

分布：湖南。中国特有种。

生境：常绿阔叶林富含腐殖质的土壤中。

177. 齿唇兰 *Odontochilus lanceolatus*（Lindl.）Blume

濒危等级 环境保护部和中国科学院（2013）：NT；广东：VU

形态特征：根状茎伸长，匍匐，肉质，具节，节上生根。茎圆柱形，具4~5枚叶。叶片卵形、卵状披针形或椭圆形。总状花序，具3~10朵花；花苞片披针形或卵状披针形；花较大，黄色；萼片黄绿色；侧萼片张开，斜歪的卵状椭圆形；花瓣带白绿色，斜歪；唇瓣金黄色，呈Y形；蕊柱很短，前面两侧各具1枚三角形的附属物；蕊喙宽，扭曲，呈二叉状。花期6—9月。

产地：信宜、阳春。

分布：广西、台湾、云南。印度（模式标本采集地，*Assam*，*Mack s.n.*；*Khasiya*，*W. Griffith 5352*，NY00009114，NY00009115）、缅甸、尼泊尔、泰国、越南。

生境：山坡或沟谷的常绿阔叶林下阴湿处。

178. 南岭齿唇兰 *Odontochilus nanlingensis*（L. P. Siu & K. Y. Lang）Ormerod

濒危等级 环境保护部和中国科学院（2013）：EN；广东：EN

形态特征：地生草本。根状茎伸长，匍匐，具节，生根。茎直立或近直立，有3~5叶片着生。叶正面深绿色，背面紫色，卵形。花序总状，具1~4朵花，顶生；花苞片淡紫色，狭卵形；花倒置，张开；花萼片白色；中萼片狭卵状长圆形；侧萼片斜狭长圆状披针形；花瓣白色，线状披针形，边缘具短而密的缘毛，沿中肋有1条粗的紫红色条纹；唇瓣白色，呈Y形；花药紫红色，狭披针形。柱头分裂。花期7月（Lang *et al.*，2002）。

产地：乳源（南岭天井山，模式标本采集地，*L. P. Siu Gs-16-2000*，PE01790256）。广东特有种。

生境：海拔1 560m的林下。

179. 羽唇兰 *Ornithochilus difformis*（Wall. ex Lindl.）Schltr.

濒危等级 环境保护部和中国科学院（2013）：LC；广东：EN

形态特征：叶数枚，通常不等侧倒卵形或长圆形。花序侧生于茎的基部和从叶腋中发出，常2~3个，远比叶长，疏生许多花；花苞片淡褐色；花开展，黄色带紫褐色条纹，萼片和花瓣稍反折；中萼片长圆形；侧萼片斜卵状长圆形，等长于中萼片而较宽；花瓣狭长圆形；唇瓣褐色，较大；中裂片锚状；距口前端具1个带绒毛的盖；蕊柱紫褐色。花期5—7月。

产地：博罗。

分布：广西、香港、四川、云南。印度尼西亚、马来西亚、老挝、缅甸、尼泊尔（模式标本采集地，*N. Wallich s.n.*）、泰国、越南。

生境：林缘或山地疏林中树干上。

180. 粉口兰 *Pachystoma pubescens* Blume

濒危等级 环境保护部和中国科学院（2013）：LC；广东：VU

形态特征：植株直立，地下根状茎横生。叶 1~2 枚，花后发出，似禾叶状。花葶从根状茎发出，直立，细长。总状花序，具数朵至 10 余朵稍疏离的花；花苞片直立，狭披针形；花黄绿色带粉红色；中萼片椭圆形；侧萼片长圆状披针形；萼囊短钝；花瓣狭匙形或倒披针形；侧裂片直立，近长圆形；中裂片倒卵形；蕊柱长约 1cm，密布长硬毛；蕊喙肉质，半圆形。花期 3—9 月。

产地：广州、连南、信宜。

分布：海南、广西、贵州、香港、台湾、云南。不丹、孟加拉国、柬埔寨、印度、印度尼西亚（Java，模式标本采集地，*C. L. Blume s.n.*，L0061831）、老挝、马来西亚、尼泊尔、新几内亚、菲律宾、越南、澳大利亚。

生境：山坡草丛中。

181. 广东兜兰 *Paphiopedilum guangdongense* Z. J. Liu & L. J. Chen

濒危等级 广东：CR；Chen *et al.*（2010）：CR

形态特征：地生兰。叶2列，5~6枚，顶端不等两裂。花亭直立，黄绿色，被稀毛。单花；花苞片近椭圆形；花梗和子房紫棕色，被毛。花大；中萼片白色，从中间到基部带有浅绿色，有时带紫棕色的脉纹。花瓣带紫棕色脉纹，上面淡棕色，下面淡绿棕色；唇瓣棕黄色。退化雄蕊近方形倒卵状。花期9—11月。

产地：信宜（模式标本采集地，*Z. J. Liu 4252*，NOCC）。广东特有种。

生境：海拔1 100~1 500m的林下陡坡或湿润的岩石上。

182. 紫纹兜兰 *Paphiopedilum purpuratum*（Lindl.）Stein

濒危等级 环境保护部和中国科学院（2013）：EN；覃海宁等（2017）：EN；广东：EN

形态特征：地生或半附生植物。叶基生，2 列，3~8 枚；叶片狭椭圆形或长圆状椭圆形。花葶直立，顶端生 1 朵花；花苞片卵状披针形；中萼片白色，花瓣紫红色或浅栗色，唇瓣紫褐色或淡栗色；中萼片卵状心形；花瓣近长圆形；囊近宽长圆状卵形，向末略变狭，囊口极宽阔，两侧各具 1 个直立的耳；退化雄蕊肾状半月形或倒心状半月形，先端有明显凹缺。花期 10 月至翌年 1 月。

产地：博罗、龙门、深圳、台山、阳春。

分布：福建、广西、香港（模式标本采集地，*J. Knight s.n.*，K-LINDL）、云南。马来西亚、越南。

生境：林下腐殖质丰富多石之地或溪谷旁苔藓砾石丛生之地、岩石上。

保育现状：紫纹兜兰具有很高的观赏价值，且民间喜欢售卖观赏，所以在野外极为罕见。其濒临灭绝并不是其自身生物学原因，而是大量采挖和小生境遭到破坏所致。广东目前已经开展了该种的保育研究。可利用分蘖繁殖或种子繁殖。

183. **龙头兰** *Pecteilis susannae*（L.）Raf.

濒危等级 环境保护部和中国科学院（2013）：LC；广东：NT

形态特征：植株直立。块茎长圆形。茎直立。叶着生至花序基部，下部的叶片卵形至长圆形。总状花序，具2~5朵花；花苞片叶状；花大，白色，芳香；中萼片阔卵形或近圆形；侧萼片宽卵形；花瓣线状披针形；唇瓣3裂；中裂片线状长圆形，全缘，肉质，直立；侧裂片宽阔，近扇形，外侧边缘成蓖状或流苏状撕裂，内侧边缘全缘；距下垂。花期7—9月。

产地：博罗、大埔、高州、广宁、广州、龙门、乳源、深圳、五华、阳春、阳江、信宜、英德。

分布：福建、广西、贵州、海南、香港、江西、四川、云南。印度、印度尼西亚（Moluccas，Maluku，Amboina，模式标本采集地，*C. B. Robinson*，*Rumph. 9*，L0064865）、马来西亚、缅甸、尼泊尔、泰国。

生境：山坡林下、沟边或草坡。

184. 小花阔蕊兰 *Peristylus affinis*（D. Don）Seidenf.

濒危等级 环境保护部和中国科学院（2013）：LC；广东：EN

形态特征：植株直立。块茎长圆形或长椭圆形，肉质。茎细长，无毛，中部具叶，在叶之上常具 1 至几枚披针形的苞片状小叶。叶 4~5 枚，叶片椭圆形或椭圆状披针形。总状花序，具 10~20 朵花；花苞片卵状披针形；花小，白色；萼片近长圆形；花瓣斜卵形；唇瓣近长圆形，3 浅裂；唇瓣后半部凹陷；蕊柱粗短；柱头 2 个，近棍棒状。花期 6—9 月。

产地：广州、乳源、阳春。

分布：广西、贵州、湖北、湖南、江西、四川、云南。印度、老挝、缅甸、尼泊尔（模式标本采集地，*N. Wallich s.n.*）、泰国。

生境：山坡常绿阔叶林下、沟谷或路旁灌丛下或山坡草地上。

185. 长须阔蕊兰 *Peristylus calcaratus*（Rolfe）S. Y. Hu

濒危等级 环境保护部和中国科学院（2013）：LC；广东：VU

形态特征：植株直立。块茎长圆形或椭圆形。茎细长，近基部具3~4枚集生的叶。叶片椭圆状披针形。总状花序，具多数密生或疏生的花；花苞片卵状披针形；花小，淡黄绿色；萼片长圆形；中萼片直立，凹陷；侧萼片伸展；花瓣直立伸展；唇瓣基部与花瓣的基部合生，3深裂；侧裂片叉开，基部具距；距下垂，棒状或带纺锤形；退化雄蕊2个，近长圆形。花期7—10月。

产地：博罗（罗浮山，模式标本采集地，*C. Ford in HK 9620*，K000827049）、龙门、南澳、深圳、新会、信宜、阳春、肇庆。

分布：广西、香港（模式标本采集地，*E. A. Voretzsch in HK 9620 & 9621*，HK0007158，HK0007159）、湖南、江苏、江西、台湾、云南、浙江。越南。

生境：山坡草地或林下。

186. **狭穗阔蕊兰** *Peristylus densus*（Lindl.）Santapau & Kapadia

濒危等级 环境保护部和中国科学院（2013）：LC；广东：VU

形态特征：植株直立。块茎卵状长圆形或椭圆形。茎直立，近基部具4~6枚叶。叶片长圆形或长圆状披针形。总状花序，具多数密生的花，圆柱状；花苞片卵状披针形；花小，带绿黄色或白色；萼片等长；花瓣直立，狭卵状长圆形；中裂片三角状线形，基部具距；距细，圆筒状棒形；蕊柱粗短；蕊喙较大，钝；柱头2个，棒状；退化雄蕊2个。花期5—9月。

产地：博罗、广州、罗定、仁化、乳源、信宜。

分布：福建、广西、贵州、香港、江西、云南、浙江。孟加拉国（Sylhet，模式标本采集地，*N. Wallich Cat. no. 7057*）、柬埔寨、印度、日本、朝鲜、缅甸、泰国、越南。

生境：山坡林下或草丛中。

187. 台湾阔蕊兰 *Peristylus formosanus*（Schltr.）T. P. Lin

濒危等级 广东：DD

形态特征：植株直立。块茎球形。茎细长，无毛，基部具2~3枚筒状鞘，其上具叶，在叶之上具2~3枚苞片状小叶。叶3~4枚，叶片椭圆形或卵状披针形。总状花序，具多数花；花苞片卵形；花白色；中萼片卵形，直立，凹陷呈舟状；侧萼片伸展，长椭圆形，白绿色；花瓣直立，白色，椭圆形；唇瓣3裂；侧裂片丝状；中裂片弯曲向下，舌状，基部凹陷呈槽状；蕊柱短；花粉团具短柄和粘盘；退化雄蕊2个。花期8—12月。

产地：深圳。

分布：台湾（模式标本采集地）、云南。日本。

生境：开旷、向阳地上。

188. 阔蕊兰 *Peristylus goodyeroides*（D. Don）Lindl.

濒危等级 环境保护部和中国科学院（2013）：LC；广东：NT

形态特征：块茎长圆形或长圆状倒卵形。茎细长，无毛，仅中部具叶。叶 4~6 枚，叶片椭圆形或卵状披针形。总状花序，具 20~40 朵密生的花；花苞片披针形；花较小，绿色、淡绿色；侧萼片斜长圆形；花瓣直立，斜宽卵形；唇瓣倒卵状长圆形，3 浅裂，基部具球状距，距口前缘具蜜腺；退化雄蕊 2 个，位于柱头的上方。花期 6—8 月。

产地：乐昌、连平、河源、南雄、曲江、乳源、阳山、英德。

分布：广西、贵州、香港、湖南、江西、四川、台湾（本种异名 *Habenaria hayataeana* Schltr. 的模式标本采集地）、云南、浙江。不丹、柬埔寨、印度、印度尼西亚、老挝、马来西亚、缅甸、尼泊尔（模式标本采集地，*N. Wallich 7066*，K000974271，K000079520，K000079521）、新几内亚、菲律宾、泰国、越南。

生境：山坡阔叶林下、灌丛下、山坡草地或山脚路旁。

189．撕唇阔蕊兰 *Peristylus lacertifer*（Lindl.）J. J. Sm.

濒危等级 环境保护部和中国科学院（2013）：LC；广东：EN

形态特征：块茎长圆形或近球形。茎长，较粗壮，近基部具叶。叶常 2~3 枚，集生，叶片长圆状披针形或卵状披针形。总状花序，具多数密生的花，圆柱状；花苞片直立伸展，披针形；花小，常绿白色或白色；萼片卵形；中萼片直立；侧萼片较狭；花瓣卵形；唇瓣向前伸展；距短小，圆锥形或长圆形；退化雄蕊小，近长圆形，顶部稍宽，向前伸展。花期 7—10 月。

产地：信宜、肇庆。

分布：福建、广西、海南、香港、四川、台湾、云南。柬埔寨、印度、印度尼西亚、日本、缅甸（Tavoy，模式标本采集地，*W. Gomez 7055*，K000974269）、马来西亚、菲律宾、泰国、越南。

生境：山坡林下、灌丛下或山坡草地向阳处。

190．短裂阔蕊兰 *Peristylus lacertifer*（Lindl.）J. J. Sm. var. *taipoensis*（S. Y. Hu & Barretto）S. C. Chen，S. W. Gale & P. J. Cribb

濒危等级 广东：DD

形态特征：块茎长圆形或近球形。茎长，较粗壮，无毛，基部具 2~3 枚筒状鞘，近基部具叶，在叶之上具 1 至几枚苞片状小叶。叶常 2~3 枚，叶片长圆状披针形或卵状披针形，基部收狭成抱茎的鞘。总状花序，具多数密生的花，圆柱状；花苞片直立伸展，披针形；花白色；萼片卵形；中萼片直立；侧萼片较狭，伸展；花瓣卵形，直立；唇瓣向前伸展，基部有 1 枚大的、肉质的胼胝体，下面具距；蕊柱粗短；退化雄蕊小，近长圆形。花期 7—10 月。

产地：深圳。广东分布新记录。

分布：香港、台湾（大埔，模式标本采集地，*G. Barretto for S. Y. Hu 10944*，K，HUH）。

生境：林中、山坡草地。

191．触须阔蕊兰 *Peristylus tentaculatus*（Lindl.） J. J. Sm.

濒危等级 环境保护部和中国科学院（2013）：LC；广东：VU

形态特征：块茎球形或卵圆形。茎细长，基部具（2~）3~4 枚集生的叶。叶片卵状长椭圆形或披针形。总状花序，具多数密生或稍疏生的花；花苞片卵形或卵状披针形；花绿色或带黄绿色；萼片长圆形；唇瓣基部与花瓣的基部合生，3 深裂；中裂片狭长圆状披针形，基部具距，距下垂，近伸直，球形；蕊柱粗短；蕊喙小；柱头 2 个；退化雄蕊 2 个。花期 2—4 月。

产地：博罗、广州、惠东、深圳。

分布：福建、广西、海南、香港。柬埔寨、日本、泰国、越南。模式标本采自中国（*Parks s.n.*，K）。

生境：山坡潮湿地、谷地或荒地上。

192. 仙笔鹤顶兰 *Phaius columnaris* C. Z. Tang & S. J. Cheng

濒危等级 环境保护部和中国科学院（2013）：EN；覃海宁等（2017）：EN；广东：EN

形态特征：假鳞茎深绿色，挺直，粗壮，圆柱形，具数节至10余节。叶通常6~7枚，椭圆形。花葶黄绿色，出自假鳞茎基部的第一个节上。总状花序，具多数花；花苞片黄绿色；侧萼片镰状长圆形；花瓣乳白色；唇瓣近圆形；侧裂片背面乳白色；中裂片橙红色；距黄绿色；蕊柱乳白色，扁棒状；药帽乳白色。花期6月。

产地：英德（西牛，模式标本采集地，*程式君 811249*，IBSC）。

分布：贵州、云南。中国特有种。

生境：海拔230m石灰山林下岩石之间的空隙地上。

193. 黄花鹤顶兰 *Phaius flavus*（Blume）Lindl.

濒危等级 环境保护部和中国科学院（2013）：LC；广东：NT

形态特征：假鳞茎卵状圆锥形，被鞘。叶4~6枚，紧密互生于假鳞茎上部，长椭圆形或椭圆状披针形。花葶从假鳞茎的节上发出，1~2个，不高出叶层之外。总状花序，具数朵至20朵花；花苞片大而宽；花柠檬黄色；花瓣长圆状倒披针形；唇盘具3~4条多少隆起的脊突；距白色；蕊柱白色；药帽白色；药床宽大。花期4—10月。

产地：博罗、大埔、封开、广州、怀集、惠东、蕉岭、乐昌、连南、连山、连州、龙门、南雄、饶平、仁化、乳源、始兴、翁源、新丰、信宜、阳山、阳春、英德。

分布：福建、广西、贵州、海南、香港、湖南、四川、台湾、西藏、云南。不丹、印度、印度尼西亚（Java，模式标本采集地，L0061867）、日本、老挝、马来西亚、尼泊尔、新几内亚、菲律宾、斯里兰卡、越南。

生境：山坡林下阴湿处。

保育现状：具有很好的观赏价值和药用价值。分布点虽较多，但个体数量少，难以达1 000株。

194. 紫花鹤顶兰 *Phaius mishmensis*（Lindl. & Paxt.）Rchb. f.

濒危等级 环境保护部和中国科学院（2013）：VU；覃海宁等（2017）：VU；广东：EN

形态特征：假鳞茎直立，圆柱形，下部被 3~4 枚长 4~6cm 的筒状鞘，上部互生 5~6 枚叶，具多数节。叶椭圆形或倒卵状披针形。总状花序，侧生于茎的中部节上或中部以上的叶腋；花苞片长圆状披针形；萼片椭圆形；花瓣倒披针形；侧裂片围抱蕊柱，先端钝或圆形；距细圆筒形；蕊柱细长；蕊喙三角形，不裂；药帽前端收狭。花期 10 月至翌年 1 月。

产地：博罗、怀集、深圳。

分布：广西、台湾、西藏、云南。不丹、印度（Mishmee Hills，模式标本采集地，*Griffith s.n.*）、日本、老挝、缅甸、菲律宾、泰国、越南。

生境：常绿阔叶林下阴湿处。

保育现状：具有很好的观赏价值和药用价值。分布点虽较多，但个体数量少，难以达 1 000 株。

195．鹤顶兰 *Phaius tancarvilleae*（L' Hér.）Blume

濒危等级 环境保护部和中国科学院（2013）：LC；广东：VU；

形态特征：植物体高大。假鳞茎圆锥形，长约6cm或更长。叶2~6枚，互生于假鳞茎的上部，长圆状披针形。花葶从假鳞茎基部或叶腋发出。总状花序，具多数花；花苞片大；花大，美丽；花瓣长圆形；唇瓣贴生于蕊柱基部；侧裂片短而圆；中裂片近圆形或横长圆形；唇盘密被短毛；距细圆柱形，呈钩状弯曲；蕊柱白色，细长；蕊喙大，近舌形；药帽前端收狭而呈喙状。花期3—6月。

产地：博罗、惠东、蕉岭、连山、连州、龙门、饶平、仁化、汕头（本种的异名 *Phaius sinensis* Rolfe，模式标本采集地，*S. T. Dunn*，*Hongkong Herb. no. 6504*，HK0027363）、深圳、翁源、新丰、信宜、阳春。

分布：福建、广西、海南、香港、台湾、西藏、云南。亚洲热带、亚热带地区及大洋洲。模式标本采自中国。

生境：林缘、沟谷或溪边阴湿处。

保育现状：保护价值与保护现状分布点虽较多，但个体数量难以达1 000株。

196. 东亚蝴蝶兰 *Phalaenopsis subparishii*（Z. H. Tsi）Kocyan & Schuit.

濒危等级 环境保护部和中国科学院（2013）：EN；覃海宁等（2017）：EN；广东：EN

形态特征：又名短茎萼脊兰。茎长1~2cm，具扁平、长而弯曲的根。叶近基生，长圆形或倒卵状披针形，先端钝并且不等侧2浅裂。总状花序，疏生数朵花；花苞片卵形；花具香气；中萼片近长圆形；侧萼片相似于中萼片而较狭；花瓣近椭圆形；唇瓣3裂；侧裂片直立，半圆形；中裂片肉质；距角状；蕊柱足几不可见；药帽前端收窄。花期5月。

产地：乳源。

分布：福建、贵州、湖北、湖南、四川、浙江（开化县，大坑中段，模式标本采集地，*浙江植物资源普查队 26243*，PE00027179）。中国特有种。

生境：海拔680m的山坡林中树干上。

备注：本种发表于湿唇兰属 *Hygrochilus subparishii* Z. H. Tsi（吉占和，1982），之后被归并到萼脊兰属 *Sedirea* Garay（Christenson，1985），并在 *Flora of China* 中被采纳（Chen *et al.*，2009b）。最新研究成果认为这个种放在蝴蝶兰属 *Phalaenopsis* 最为恰当（Kocyan *et al.*，2014；金效华 等，2018）。

197. **细叶石仙桃** *Pholidota cantonensis* Rolfe

濒危等级 环境保护部和中国科学院（2013）：LC；广东：VU

形态特征：根状茎匍匐，分枝，通常相距 1~3cm 生假鳞茎，节上疏生根；假鳞茎狭卵形至卵状长圆形，顶端生 2 枚叶。叶线形或线状披针形，纸质。花葶生于幼嫩假鳞茎顶端。总状花序，通常具 10 余朵花；花苞片卵状长圆形，早落；花小，白色或淡黄色；中萼片卵状长圆形，多少呈舟状；侧萼片卵形；花瓣宽卵状菱形或宽卵形；唇瓣宽椭圆形。蒴果倒卵形。花期 4 月，果期 8—9 月。

产地：博罗、广州、惠阳、乐昌、清远、深圳、始兴、翁源、紫金。模式标本采集地为广东北江（*C. Ford 139*，HK0027402）。

分布：福建、广西、香港、湖南、江西、台湾、浙江。中国特有种。

生境：林中或荫蔽处的岩石上。

198. 石仙桃 *Pholidota chinensis* Lindl.

濒危等级 环境保护部和中国科学院（2013）：LC；广东：NT

形态特征：根状茎通常较粗壮，匍匐，具较密的节和较多的根；假鳞茎狭卵状长圆形，大小变化甚大；柄在老假鳞茎尤为明显。叶2枚，生于假鳞茎顶端。总状花序，具数朵至20余朵花；花序轴稍左右曲折；花苞片长圆形至宽卵形；花白色或带浅黄色；中萼片椭圆形或卵状椭圆形；侧萼片卵状披针形；花瓣披针形；唇瓣轮廓近宽卵形。蒴果倒卵状椭圆形。花期4—5月，果期9月至翌年1月。

产地：广东大部分地区。

分布：澳门、福建、广西、贵州、海南、香港（太平山，模式标本采集地，*R. Fortune s.n.*，K）、西藏、云南、浙江。缅甸、越南。

生境：林中、林缘树上、岩壁上或岩石上。

保育现状：分布点虽较多，但个体数量少，且为民间用中草药石橄榄。

199. 马齿苹兰 *Pinalia szetschuanica*（Schltr.）S. C. Chen & J. J. Wood

濒危等级 环境保护部和中国科学院（2013）：LC；广东：VU

形态特征：也叫马齿毛兰。假鳞茎长，长圆形，稍弯曲，先端2~4朵叶。叶短于柄，长圆状披针形，基部渐狭，先端钝。花序1或2个，近顶生，有1~3朵花；花苞披针形；花白色；花梗和子房长于花苞，棕色，具长柔毛；侧萼长圆形，钝；花瓣倒卵长圆形；唇瓣倒卵形，3浅裂。蒴果圆筒状，棕色，具长柔毛。花期5—6月。

产地：乐昌（本种异名 *Eria lochongensis* C. L. Tso 模式标本采集地，*陈念劬 42575*，IBSC0005430，PE00027257）、连州。

分布：湖北、湖南、四川（汶川县，模式标本采集地，*Limpricht 1405*，S07-5444；*Limpricht 1425*，S07-5445，WU0041681）、云南。中国特有种。

生境：山谷岩石上。

200. 大明山舌唇兰 *Platanthera damingshanica* K. Y. Lang & H. S. Guo

濒危等级 环境保护部和中国科学院（2013）：VU；覃海宁等（2017）：VU；广东：EN

形态特征：根状茎指状，肉质。茎中部以下具大叶1枚，中上部具1~3枚向上逐渐变小呈苞片状的小叶。最大叶的叶片为狭长倒披形或线状长圆形。总状花序，具3~8朵疏生的花；花苞片披针形；花黄绿色；中萼片宽卵形；侧萼片反折，狭长圆形或宽线形；花瓣斜卵形；唇瓣向前伸；距细圆筒状；花粉团狭倒卵形，具较长的柄和粘盘；退化雄蕊2个，近半圆形。花期5月。

产地：乳源。

分布：福建、广西（上林县，大明山，模式标本采集地，*袁淑芬 6465*，IBK00146571，NAS00070258）、湖南、浙江。中国特有种。

生境：山坡密林下或沟谷阴湿处。

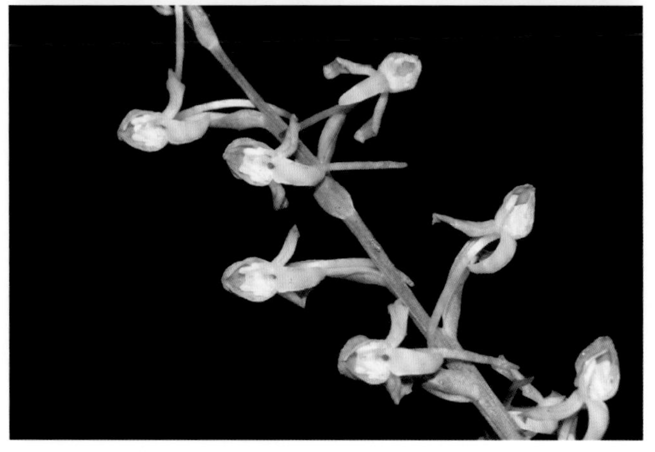

201．广东舌唇兰 *Platanthera guangdongensis* Y. F. Li，L. F. Wu & L. J. Chen

濒危等级 广东：CR；Ye *et al.*（2018）：CR

形态特征：无叶草本，为完全真菌共生的腐生。根状茎圆柱形，肉质，具毛状附属物。茎直立，黄绿色，基部具 7~8 枚筒状鞘。总状花序，具 5~9 朵排列疏松的花；花苞片披针形；中萼片卵状椭圆形；侧萼片长圆形，偏斜；花瓣卵状椭圆形，淡绿色，偏斜；唇瓣顶端圆钝；距下垂，圆筒状；花粉团倒卵形，具纤细柄和近圆形的粘盘；柱并凹陷。花期 5 月（Ye *et al.*，2018）。

产 地：紫金（模式标本采集地，*Liu 10273*，NOCC）。广东特有种。

生境：海拔约 660m 的溪谷旁边的密林下（黄从高 等，2018）。

保育现状：目前广东舌唇兰仅发现 2 个居群，居群不超过 10 棵植株（黄从高，2018）。

202. 尾瓣舌唇兰 *Platanthera mandarinorum* Rchb. f.

濒危等级 广东：VU；陕西省重点保护野生植物

形态特征：根状茎指状或膨大。茎直立，细长，下部具 1~2 枚大叶，大叶之上具 2~4 枚小的苞片状披针形小叶。大叶片椭圆形、长圆形。总状花序，具 7~20 朵较疏生的花；花苞片披针形；花黄绿色；侧萼片反折，长圆状披针形至宽披针形；花瓣淡黄色，上半部骤狭成线形，尾状；唇瓣披针形至舌状披针形；距细圆筒状；退化雄蕊 2 个；柱头 1 个，凹陷。花期 4—6 月。

产地：封开、乐昌、连州、曲江、饶平、信宜、阳春。

分布：安徽、福建、广西、贵州、河南、香港、江苏、江西、山东、陕西、四川、云南。日本、朝鲜。模式标本采自中国（*R. Fortune 48*，K000796993，K000796992；*R. Fortune 79*，P00370863，K000796991）

生境：山坡林下或草地。

203．小舌唇兰 *Platanthera minor*（Miq.）Rchb. f.

濒危等级 环境保护部和中国科学院（2013）：LC；广东：VU

形态特征：块茎椭圆形。茎粗壮，直立，下部具1~2（~3）枚较大的叶，上部具2~5枚逐渐变小为披针形或线状披针形的苞片状小叶。叶互生，最下面的1枚最大，叶片椭圆形、卵状椭圆形或长圆状披针形。总状花序，具多数疏生的花；花苞片卵状披针形；花黄绿色；中萼片直立，宽卵形；侧萼片反折，稍斜椭圆形；花瓣直立，斜卵形；唇瓣舌状；距细圆筒状；蕊柱短。花期5—7月。

产地：广州、乐昌、龙门、饶平、乳源、深圳、信宜、阳春。

分布：安徽、福建、广西、贵州、海南、河南、香港、湖北、湖南、江苏、江西、四川、台湾、云南、浙江。日本（Wunzen，模式标本采集地，*Siebold s.n.*），以及朝鲜半岛。

生境：山坡林下或草地。

204. 南岭舌唇兰 *Platanthera nanlingensis* X. H. Jin & W. T. Jin

濒危等级 广东：EN

形态特征：块茎梭形，肉质，基部有新芽，老块茎末端常伸长呈棒状。根数条，棒状，肉质。块茎和根均被长柔毛。茎明显四棱状，具3枚管状鞘，互生。叶2~5枚，散生，无柄，椭圆状披针形，基部最大。总状花序，密生25~30朵花，圆柱状；花苞片线状披针形；花白色，花梗和子房顶端稍呈喙状；中萼片宽椭圆形；侧萼片长圆状披针形，开展；花瓣斜卵形，开展，不与中萼片形成兜状；唇瓣舌状长圆形，肉质；距下垂，粗壮，筒状；蕊柱短；柱头为凹陷。花期5月（Jin *et al.*，2015）。

产地：乳源（模式标本采集地，*金效华 14167*，PE）、连州。广东特有种。

生境：海拔1 000~1 500m的常绿阔叶林下湿润石缝中。

205. 紫金舌唇兰 *Platanthera zijinensis* Q. L. Ye，Z. M. Zhong & M. H. Li

濒危等级 Ye *et al.*（2018）：CR

形态特征：块茎椭球形，肉质。茎直立，粗壮，具 1~2 枚筒状鞘。叶 1 枚，椭圆形，基部抱茎。总花梗粗壮，具棱，具 2~3 枚叶状披针形苞片。总状花序，具 8~17 朵花；花苞片卵状长圆形；花白色，花梗和子房顶端稍呈喙状；中萼片直立，与花瓣形成兜状；侧萼片长圆形，反卷；花瓣黄白色，卵状椭圆形，偏斜；唇瓣卵状长圆形；距向前弯曲，柱状；退化雄蕊明显；柱头表面凹陷。花期 6 月（Ye *et al.*，2018）。

产地：紫金（模式标本采集地，*Liu 10275*，NOCC）。广东特有种。

生境：海拔 550m 的山旁路边。

保育现状：目前紫金舌唇兰仅发现 1 个居群，居群不超过 50 棵植株。

206. 独蒜兰 *Pleione bulbocodioides*（Franch.）Rolfe

濒危等级 环境保护部和中国科学院（2013）：LC；广东：NT

形态特征：半附生草本。假鳞茎卵形至卵状圆锥形，上端有明显的颈，顶端具 1 枚叶。叶在花期尚幼嫩，长成后狭椭圆状披针形或近倒披针形，纸质。花葶从无叶的老假鳞茎基部发出，顶端具 1（~2）朵花；花苞片线状长圆形；花粉红色至淡紫色，唇瓣上有深色斑；花瓣倒披针形，稍斜歪；唇瓣轮廓为倒卵形或宽倒卵形，不明显 3 裂，上部边缘撕裂状。蒴果近长圆形。花期 4—6 月。

产地：广州、乐昌、连山、连州。

分布：安徽、甘肃、广西、贵州、湖北、湖南、陕西、四川（宝兴县穆坪镇，模式标本采集地，*A. David s.n.*，P00408574，P00408575，P00408576）、西藏、云南。

生境：常绿阔叶林下、灌木林缘腐殖质丰富的土壤上或苔藓覆盖的岩石上。

207. 陈氏独蒜兰 *Pleione chunii* C. L. Tso

濒危等级 环境保护部和中国科学院（2013）：EN；覃海宁等（2017）：EN；广东：EN

形态特征：地生或附生草本。假鳞茎卵形至圆锥形，上端有明显的颈，顶端具1枚叶。花葶从无叶的老假鳞茎基部发出，顶端具1朵花；花苞片狭椭圆状倒披针形；花大，淡粉红色至玫瑰紫色；中萼片狭椭圆形或长圆状椭圆形；侧萼片斜椭圆形；花瓣倒披针形或匙形，强烈反折；唇瓣展开时宽扇形，具4~5行髯毛或流苏状毛，均从基部延伸到上部。花期3月。

产地：乐昌（西坑，牛兰山，模式标本采集地，*陈念劬 43047*，IBSC0000023，PE00027339）、平远、乳源。

分布：贵州、云南。中国特有种。

生境：林中。

208. 毛唇独蒜兰 *Pleione hookeriana*（Lindl.）Rollisson

濒危等级 环境保护部和中国科学院（2013）：VU；覃海宁等（2017）：VU；广东：EN

形态特征：附生草本。假鳞茎卵形至圆锥形，顶端具1枚叶。叶在花期尚幼嫩或已长成，椭圆状披针形或近长圆形。花葶从无叶的老假鳞茎基部发出，直立，顶端具1朵花；花苞片近长圆形；花较小；中萼片近长圆形或倒披针形；侧萼片镰状披针形，先端急尖；花瓣倒披针形，展开；唇瓣通常具7行沿脉而生的髯毛或流苏状毛。蒴果近长圆形。花期4—6月，果期9月。

产地：乐昌。

分布：广西、贵州、湖北、湖南、西藏、云南。不丹、印度（锡金，模式标本采集地，*J. D. Hooker s.n.*，P00403106）、老挝、缅甸、尼泊尔、泰国。

生境：树干上，或灌木林缘苔藓覆盖的岩石上、岩壁上。

209. 小叶独蒜兰 *Pleione microphylla* S. C. Chen & Z. H. Tsi

濒危等级 环境保护部和中国科学院（2013）：EN；覃海宁等（2017）：EN；广东：EN

形态特征：附生草本。假鳞茎卵状圆柱形，膝状弯曲，具1枚叶；新鳞茎从老鳞茎的中部直接生出。叶在花期未全部长成，狭长圆形或长圆状披针形，基部收缩成柄。花苞片长圆状披针形；花单生，白色，但唇瓣带有黄条纹；花瓣向顶端成淡粉红色；中萼片长圆状披针形；侧萼片偏斜；蕊柱纤细。花期4月。

产地：博罗（罗浮山，模式标本采集地，*F. P. Metcalf 18230*，HUH00243089，SYS0026961）、乳源。广东特有种。

生境：见于常有苔藓覆盖潮湿的石壁上。

210. 柄唇兰 *Podochilus khasianus* Hook. f.

濒危等级 环境保护部和中国科学院（2013）：NT；广东：DD

形态特征：茎丛生，直立，近圆柱形，全部包藏于叶鞘之内。叶2列，互生，近肉质，狭长圆形或狭长圆状披针形，多少呈镰状弯曲，基部具抱茎的筒状鞘，有关节。总状花序，有2~4朵花，顶生或侧生；花苞片卵状披针形；花白色或带绿色；中萼片卵状披针形；侧萼片卵状三角形，基部宽阔形，成萼囊；花瓣近长圆形；唇瓣长圆形，基部以细长的爪着生于蕊柱足上；蕊柱两侧有明显的臂。蒴果椭球形。花果期7—9月。

产地：台山。广东分布新记录；《中国植物志》（陈心启，1999）和 *Flora of China*（Chen *et al.*，2009a）中记载广东有分布，但依据的标本采自当时隶属广西的钦州、防城港、十万大山地区。台山的标本为近期于野外采集。

分布：广西、海南、云南。孟加拉国（Sylhet，模式标本采集地，*N. Wallich Cat. no. 7335B*，K000810730）、不丹、印度（Meghalaya，Khasia Hills，模式标本采集地，*J. D Hooker & T. Thomas s.n.*，GH00217846）、越南。

生境：林中或溪谷旁树上、石缝中。

211. 朱兰 *Pogonia japonica* Rchb. f.

濒危等级 环境保护部和中国科学院（2013）：VU；广东：EN

形态特征：根状茎直生，具肉质的根。茎直立，纤细，在中部或中部以上具1枚叶。叶近长圆形或长圆状披针形。花苞片叶状，狭长圆形、线状披针形或披针形；花单朵顶生，淡粉紫色至紫色；萼片狭长圆状倒披针形；唇瓣近狭长圆形；侧裂片顶端有不规则缺刻或流苏；中裂片边缘具流苏状齿缺；蕊柱细长，上部具狭翅。蒴果长圆形。花期5—7月，果期9—10月。

产地：广州、惠阳、丰顺。

分布：安徽、重庆、福建、广西、贵州、黑龙江、湖北、湖南、吉林、江西、内蒙古、山东、四川、云南、浙江。日本（模式标本采集地）、朝鲜。

生境：山顶草丛中、山谷旁林下、灌丛下湿地。

212. 小片菱兰 *Rhomboda abbreviata*（Lindl.）Ormerod

濒危等级 环境保护部和中国科学院（2013）：LC；广东：VU

形态特征：又名小片齿唇兰、翻唇兰。根状茎伸长，匍匐，肉质，节上生根。茎直立，圆柱形，具3~5枚叶。叶片卵形或卵状披针形。总状花序，具10余朵较密生的花；花苞片淡红色，卵状披针形；花小，白色或淡红色；侧萼片为偏斜的卵形，凹陷；花瓣为宽的半卵形，两侧不等；唇瓣近卵形，上部边缘向内折、缢缩，基部扩大并凹陷呈囊状；蕊柱短；蕊喙直立，2叉状；柱头2个，离生。花期8—9月。

产地：饶平、深圳、始兴、英德、肇庆。

分布：广西、贵州、海南、香港。印度、缅甸、尼泊尔（模式标本采集地，*N. Wallich 7385*，K-LINDL）、泰国。

生境：山坡或沟谷密林下阴处。

213．贵州菱兰 *Rhomboda fanjingensis* Ormerod

濒危等级 覃海宁等（2017）：VU；广东：VU

形态特征：茎深红棕色，具5枚叶。叶卵形或椭圆形，先端锐尖。总状花序，具17朵花左右；花苞淡红色，卵状披针形；花半开，中等大小；萼片粉红色，无毛；侧萼反折，卵形或椭圆形；花瓣白色或粉红色，狭卵形至长圆形，两侧不等。花期10—11月。

产地：英德（Liu *et al.*，2015）。

分布：重庆、广西、贵州（梵净山，模式标本采集地，*中英植物调查队 0197*，K000881977）、湖南、四川、西藏、云南。中国特有种。

生境：海拔450m的林下。

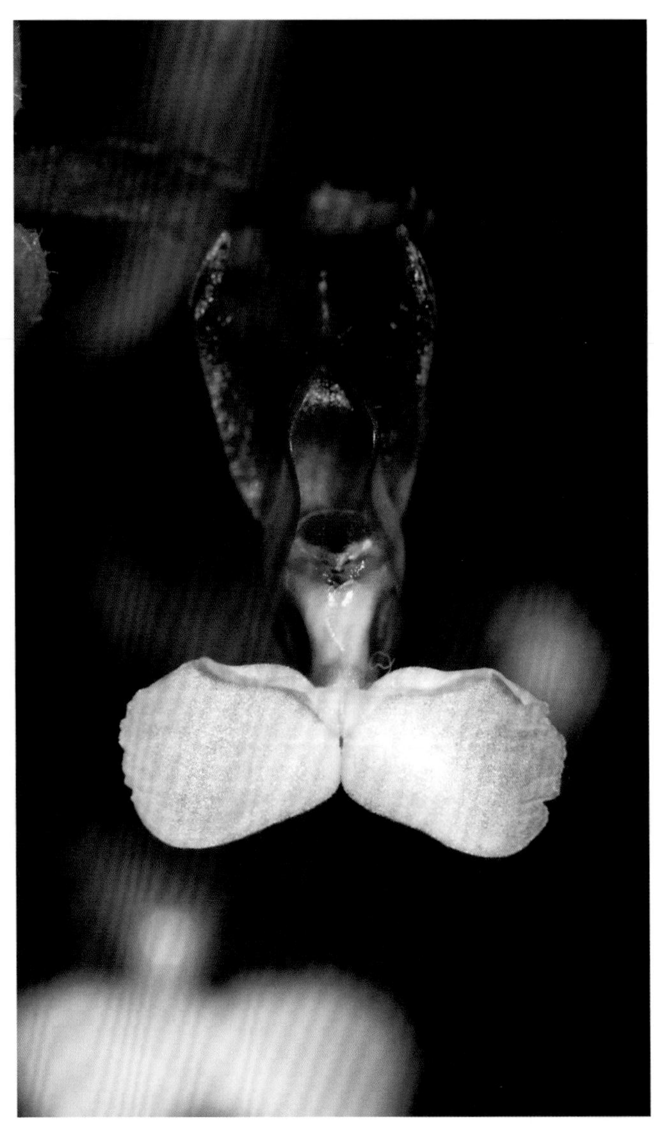

214. 白肋菱兰 *Rhomboda tokioi*（Fukuy.）Ormerod

濒危等级 环境保护部和中国科学院（2013）：VU；覃海宁等（2017）：VU；广东：EN

形态特征：茎深红棕色，具4~6枚叶。叶背面淡绿色，正面有时沿中脉有白色条纹，卵形至披针形。总状花序，具3~15朵花；花苞片棕红色，卵状披针形，边缘具毛，先端渐尖；花半开，较小；萼片红棕色，无毛或疏生短柔毛，先端锐尖；侧萼卵形；花瓣白色，卵形，两侧不相等，无毛；唇瓣白色，长圆状卵形。花期9—10月。

产地：深圳、新丰。

分布：台湾（台北，模式标本采集地，*Suzuki-Tokio 4128*）。日本、越南。

生境：林下。

215. 寄树兰 *Robiquetia succisa*（Lindl.）Seidenf. & Garay

濒危等级 环境保护部和中国科学院（2013）：LC；广东：VU

形态特征：茎坚硬，圆柱形，长达1m，下部节上具发达而分枝的根。叶2列，长圆形。圆锥花序，密生许多小花，与叶对生；花苞片向外伸展或稍反折；花不甚开放，萼片和花瓣淡黄色或黄绿色；花瓣较小，宽倒卵形；唇瓣白色，3裂；距黄绿色，中部缢缩而下部扩大呈拳卷状；药帽前端伸长呈长尾状。蒴果长圆柱形，成熟后倒垂。花期6—9月，果期7—11月。

产地：博罗、封开、怀集、惠东、龙门、深圳、肇庆。

分布：福建、海南、香港、云南。不丹、柬埔寨、印度、老挝、缅甸、泰国、越南。模式标本采自中国。

生境：疏林中树干上或山崖石壁上。

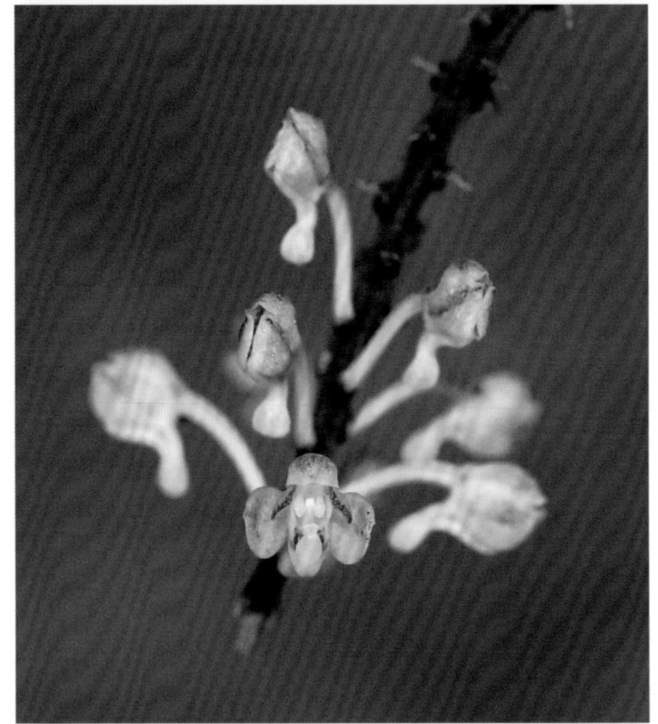

216. 苞舌兰 *Spathoglottis pubescens* Lindl.

濒危等级 环境保护部和中国科学院（2013）：LC；广东：NT

形态特征：假鳞茎扁球形，顶生1~3枚叶。叶带状或狭披针形。花葶纤细或粗壮。总状花序，疏生2~8朵花；花苞片披针形或卵状披针形；密布柔毛；花黄色；萼片椭圆形；花瓣宽长圆形，与萼片等长；唇瓣约等长于花瓣，3裂；侧裂片直立，镰状长圆形，长约为宽的2倍；唇盘上具3条纵向的龙骨脊，其中央1条隆起而成肉质的褶片；蕊喙近圆形。花期7—10月。

产地：博罗、广宁、和平、乐昌、连南、连山、梅州、乳源、汕头、深圳、始兴、翁源、新丰、信宜、阳春、英德、肇庆。

分布：澳门、福建、广西、贵州、香港、湖南、江西、四川、云南、浙江。孟加拉国、柬埔寨、印度、老挝、缅甸、越南、泰国。模式标本为 *N. Wallich Cat. Herb Ind. no. 3744*，K000895737，K001119927，K001119928，K001119929，K001119930，K001119931，采自孟加拉国、印度、越南等国。

生境：山坡草丛中或疏林下。

217．香港绶草 *Spiranthes hongkongensis* S. Y. Hu & Barretto

濒危等级 广东：LC

形态特征：植株直立。叶片2~6枚，直立并开展，线形至倒披针形，先端渐尖。花直立，被腺状柔毛。总状花序，小花在花序轴上螺旋状排列，多数，密生；花苞片卵状披针形，疏被腺毛；花奶白色，有时带有淡粉红色，长圆形，微偏斜；子房被腺毛；中萼片与花瓣形成兜状；侧萼片长圆状披针形，稍偏斜；蕊柱直立；柱头3裂。花期3—8月。

产地：深圳。

分布：香港［大埔，模式标本采集地，*S. Y. Hu*（*胡秀英*）*13658*，A，K，CUHK］。中国特有种。

生境：湿润至干燥的山坡、草地、草坪等开阔处。

218. 绶草 *Spiranthes sinensis*（Pers.）Ames

濒危等级 环境保护部和中国科学院（2013）：LC；广东：LC；Barretto & Cribb（2011）：VU；陕西省重点保护野生植物

形态特征：根数条，指状，簇生于茎基部。茎较短，近基部生2~5枚叶。叶片宽线形或宽线状披针形，先端急尖或渐尖。花茎直立，上部被腺状柔毛至无毛。总状花序，具多数密生的花；花苞片卵状披针形；花小，紫红色、粉红色或白色，在花序轴上呈螺旋状排生；萼片的下部靠合，中萼片狭长圆形，与花瓣靠合呈兜状；侧萼片偏斜；花瓣斜菱状长圆形；唇瓣宽长圆形。花期7—8月。

产地：乐昌、始兴、连山、乳源、英德、河源、平远、大埔、丰顺、饶平、惠东、惠阳、博罗、深圳、广州（模式标本采集地，*Loureiro s.n.*，BM）、新会、台山、肇庆、封开、阳江、信宜、高州、化州。

分布：全国各省区。阿富汗、日本、朝鲜、韩国、蒙古、俄罗斯、不丹、印度、马来西亚、缅甸、菲律宾、泰国、越南、澳大利亚。

生境：山坡林下、灌丛下、草地或河滩沼泽草甸中。

219. 带叶兰 *Taeniophyllum glandulosum* Blume

濒危等级 环境保护部和中国科学院（2013）：LC；广东：EN

形态特征：植物体很小，无绿叶，具发达的根。茎几无，被多数褐色鳞片。根许多，簇生，呈蜘蛛状着生于树干表皮。总状花序，具1~4朵小花；花苞片2列，卵状披针形；花黄绿色，很小；中萼片卵状披针形；侧萼片相似于中萼片，近等大；花瓣卵形；唇瓣卵状披针形；距短囊袋状；蕊柱长约0.5mm；药帽半球形，前端不伸长。蒴果椭圆状圆柱形。花期4—7月，果期5—8月。

产地：连平、连山。

分布：福建、海南、台湾、湖南、四川、云南。印度尼西亚（Java，模式标本采集地）、日本、朝鲜、马来西亚、新几内亚、泰国、澳大利亚。

生境：山地林中树干上。

220. 心叶带唇兰 *Tainia cordifolia* Hook. f.

濒危等级 环境保护部和中国科学院（2013）：EN；覃海宁等（2017）：EN；广东：EN

形态特征：又名心叶球柄兰。假鳞茎似叶柄状，从基部向上逐渐变细，常为 2 枚筒状鞘所包，顶生 1 枚叶。叶肉质，上面灰绿色并带深绿色斑块，背面具灰白色条带，卵状心形，先端急尖，基部心形，无柄，具 3 条弧形脉。总状花序，具 3~5 朵花；花苞片小，狭披针形；花萼片和花瓣褐色并带紫褐色脉纹；花瓣较大，披针形，基部约有一年贴生在蕊柱足上；唇瓣近卵形；侧裂片白色带紫红色斑点，近半卵形；中裂片黄色，近三角形，反折，先端急尖，边缘具紫色斑点；唇盘具 3 条黄色褶片；蕊柱具紫红色斑点。花期 5—7 月。

产地：博罗、大埔、饶平、阳春、英德。

分布：福建、广西、香港、台湾（基隆，模式标本采集地，*C. Ford s.n.*，K）、云南。印度、印度尼西亚、马来西亚、泰国、越南。

生境：沟谷林下阴湿处。

221. 带唇兰 *Tainia dunnii* Rolfe

濒危等级 环境保护部和中国科学院（2013）：NT；广东：VU

形态特征：假鳞茎暗紫色，圆柱形，顶生1枚叶。叶狭长圆形或椭圆状披针形。花葶直立。总状花序；花序轴红棕色，疏生多数花；花苞片红色，狭披针形；花黄褐色或棕紫色；中萼片狭长圆状披针形；侧萼片狭长圆状镰形；花瓣与萼片等长而较宽；唇瓣整体轮廓近圆形；侧裂片淡黄色；中裂片黄色，横长圆形；唇盘上面无毛或稍具短毛；蕊柱纤细。花期通常3—4月。

产地：大埔、广州、连南、连平、龙门、曲江、饶平、乳源、深圳、始兴、翁源、信宜、阳山。

分布：福建（Buong Kang，模式标本采集地，*S. T. Dunn*，*Hongkong Herb. no. 3542*，HK0027375）、广西、贵州、海南、香港、湖南、江西、四川、台湾、浙江。中国特有种。

生境：常绿阔叶林下或山间溪边。

保育现状：分布点虽较多，但个体数量难以达1 000株。

222. 大花带唇兰 *Tainia macrantha* Hook. f.

濒危等级　环境保护部和中国科学院（2013）：VU；覃海宁等（2017）：VU；广东：EN

形态特征：假鳞茎在根状茎上多少伏卧而后弧曲上举，呈细圆柱形，顶生 1 枚叶。叶椭圆形。花葶直立，基部的 2 枚鞘套叠。总状花序，具 3~6 朵花；花苞片卵状披针形；花大；中萼片狭披针形；萼囊宽圆锥形；花瓣披针形；唇瓣近戟形；侧裂片直立，近三角形；中裂片卵状三角形；蕊柱翅向下延伸到蕊柱足基部。花期 7—8 月。

产地：博罗（罗浮山，模式标本采集地，*C. Ford s.n.*）、信宜。

分布：广西。越南。

生境：山坡林下或沟谷岩石边。

223. 绿花带唇兰 *Tainia penangiana* Hook. f.

濒危等级 环境保护部和中国科学院（2013）：NT；广东：EN

形态特征：假鳞茎卵球形，紫红色或暗褐绿色，在根状茎上彼此紧靠，顶生 1 枚叶。叶长椭圆形。花葶长达 60cm。总状花序，疏生少数至 10 余朵花；花苞片膜质，狭披针形；花黄绿色并带橘红色条纹和斑点；花瓣长圆形，比萼片稍短；唇瓣白色，带淡红色斑点，倒卵形；侧裂片近直立，卵状长圆形；距从两侧萼片基部之间伸出；蕊柱半圆柱形；药帽顶端两侧无附属物。花期 2—3 月。

产地：潮安、惠东、深圳、肇庆。

分布：海南、台湾。印度、马来西亚（Penang，模式标本采集地，*A. C. Maingay*，*Kew Distrib. 1642*，K000974259，L0058581）、泰国、越南。

生境：常绿阔叶林下或溪边。

224. 白点兰 *Thrixspermum centipeda* Lour.

濒危等级 环境保护部和中国科学院（2013）：LC；广东：EN

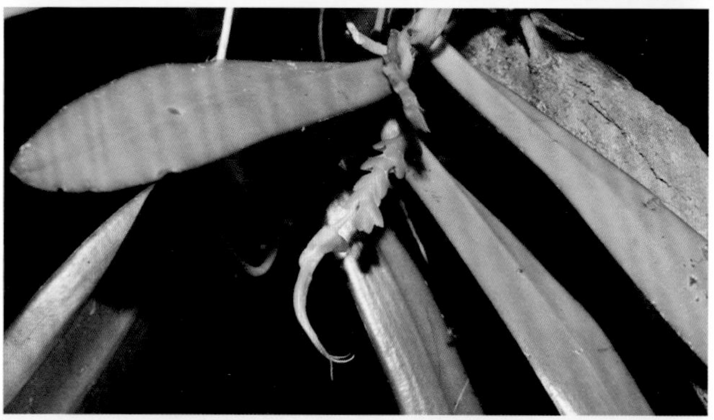

形态特征：茎斜立或下垂，质地硬。叶2列，互生，稍肉质。花序单一或成对与叶对生，常数个，比叶长或短；花序柄扁；仅生有少数花；花苞片宿存，紧密排成2列；花白色或奶黄色，后变为黄色，不甚开展；中萼片狭镰状披针形；侧萼片相似于中萼片，但基部稍较宽；花瓣狭镰状披针形；侧裂片半卵形，直立；中裂片向前伸，两侧对折呈狭圆锥形。花期6—7月。

产地：博罗、珠海。

分布：广西、海南、香港、云南。不丹、柬埔寨、印度、印度尼西亚、老挝、马来西亚，缅甸、泰国、越南（Hue，模式标本采集地，*Loureiro s.n.*，P）。

生境：山地林中树干上。

225. 小叶白点兰 *Thrixspermum japonicum*（Miq.）Rchb. f.

濒危等级 环境保护部和中国科学院（2013）：VU；覃海宁等（2017）：VU；广东：EN

形态特征：茎斜立和悬垂，纤细，具多数节，密生多数2列的叶。叶薄革质，长圆形或有时倒披针形，先端微2裂。花序常2至多个，对生于叶；花序柄纤细；花序轴疏生少数花；花苞片疏离，2列；花淡黄色；侧萼片卵状披针形，与中萼片等长而稍较宽，先端钝；花瓣狭长圆形；侧裂片近直立而向前弯曲，狭卵状长圆形；中裂片很小；唇盘基部稍凹陷，密被绒毛。花期9—10月。

产地：乳源。

分布：贵州、湖南、四川、台湾。日本（模式标本采集地，*P. F. von Siebold s.n.*，L0421204）。

生境：沟谷、河岸的林缘树枝上。

226. 阔叶竹茎兰 *Tropidia angulosa*（Lindl.）Blume

濒危等级 广东：DD

形态特征：根状茎粗短、坚硬。茎直立，单生或2个生于同一根状茎上，不分枝或有1个分枝，下部具圆筒状鞘。叶2枚，生于茎顶端，近对生状；叶片椭圆形或卵状椭圆形，纸质或坚纸质，基部收狭为抱茎的鞘。总状花序生于茎顶端，具10余朵或更多的花；花苞片狭披针形；花绿白色；中萼片线状披针形；侧萼片合生；花瓣线状披针形；唇瓣近长圆形。蒴果长圆状椭圆形。花期9月，果期12月至翌年1月。

产地：深圳。广东分布新记录。

分布：广西、台湾、西藏、云南。不丹、印度、印度尼西亚、日本、马来西亚、泰国、越南。

生境：林下或林缘。

227. 短穗竹茎兰 *Tropidia curculigoides* Lindl.

濒危等级 环境保护部和中国科学院（2013）：LC；广东：EN

形态特征：植株具根状茎和纤维根。茎直立，常数个丛生。叶通常有10枚以上，疏松地生于茎上；叶片狭椭圆状披针形至狭披针形。总状花序生于茎顶端和茎上部叶腋，具数朵至10余朵花；花苞片披针形，覆瓦状排列；花绿白色；萼片披针形或长圆状披针形；侧萼片仅基部合生；花瓣长圆状披针形；唇瓣卵状披针形或长圆状披针形。蒴果近长圆形。花期6—8月，果期10月。

产地：封开、深圳、阳春、肇庆。

分布：广西、海南、香港、台湾、西藏、云南。孟加拉国（Sylhet，模式标本采集地，*N. Wallich Cat. no. 7386*，K000974384，K001127268，K001127269，K001127270）、柬埔寨、印度、印度尼西亚、马来西亚、缅甸、斯里兰卡、泰国、越南。

生境：林下或沟谷旁阴处。

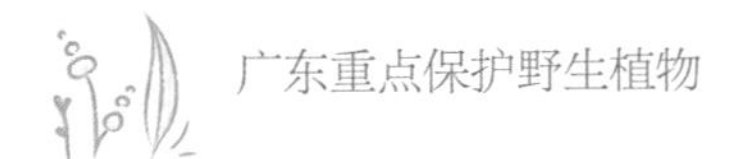

228. 广东万代兰 *Vanda fuscoviridis* Lindl.

濒危等级 环境保护部和中国科学院（2013）：DD；广东：VU

形态特征：附生草本。叶片厚，先端具毛。总状花序，具9朵花；花柄柔弱弯曲。花肉质，开口宽；萼片和花瓣背面白色，正面黄色。中萼倒披针形。基部收缩成爪，先端钝；侧萼倒卵形，基部收缩成短爪，先端钝。花瓣宽匙形，基部具爪；唇瓣白色或粉红色，卵形或三角形。

产地：英德。

分布：越南。

生境：斜坡上的石灰岩上。

229. 深圳香荚兰 *Vanilla shenzhenica* Z. J. Liu & S. C. Chen

濒危等级 环境保护部和中国科学院（2013）：DD；广东：CR

形态特征：草质攀援藤本。茎通常长 8~10m 或更长，具分枝，散生多数叶。叶深绿色，椭圆形。总状花序从叶腋中抽出，长 3~5cm，水平伸展，具 4~5 朵花；花苞片大，卵圆形；花不完全开放，淡黄绿色；唇瓣紫红色且具白色附属物，有香味；中萼片近卵状披针形；侧萼片椭圆形，凹；花瓣椭圆形；唇瓣管状，展开呈宽椭圆形。花期 2—3 月（Liu *et al.*，2007）。

产地：惠州、深圳（龙岗区梅沙尖，模式标本采集地，*刘仲健 3025*，NOCC）。

分布：香港。中国特有种。

生境：山谷较陡边坡阴湿石崖的石面和大树上。

230. 二尾兰 *Vrydagzynea nuda* Blume

濒危等级 环境保护部和中国科学院（2013）：LC；广东：VU

形态特征：根状茎伸长，匍匐，具节；节上生根。茎直立，具5~7枚叶。叶片卵形或卵状椭圆形。总状花序，具3~10朵密生的花；花苞片三角形至卵状披针形；花白色或绿白色，不甚张开；萼片白色或淡绿色，中萼片狭卵状长圆形；侧萼片为偏斜的卵状披针形；花瓣白色，线形至长卵形；唇瓣白色，长圆状椭圆形或倒卵状至近圆形，凹陷；蕊柱粗短。花期3—5月。

产地：博罗、深圳、阳春。

分布：海南、香港、台湾。印度尼西亚（模式标本采集地，*van Hasselt s.n.*，L）、马来西亚。

生境：阴湿林下或山谷湿地上。

231．宽叶线柱兰 *Zeuxine affinis*（Lindl.）Benth. ex Hook. f.

濒危等级 环境保护部和中国科学院（2013）：LC；广东：VU

形态特征：根状茎伸长，匍匐，具节。茎直立，具4~6枚叶。叶片卵形、卵状披针形或椭圆形，花开放时常凋萎，向下垂。花茎淡褐色。总状花序，具几朵至10余朵花；花苞片卵状披针形；花较小，黄白色，萼片背面被柔毛；中萼片宽卵形；侧萼片为斜的卵状长圆形；花瓣白色，斜的长椭圆形，与中萼片等长；唇瓣白色，呈Y形。花期2—4月。

产地：广州、珠海。

分布：海南、台湾、云南。不丹、孟加拉国、印度、老挝、缅甸（模式标本采集地：*Burmano*，*N. Wallich Cat. no. 7383*；*Courtallum*，*Wight 1030*）、马来西亚、泰国。

生境：山坡或沟谷林下阴处。

232. 黄花线柱兰 *Zeuxine flava*（Wall. ex Lindl.）Trimen

濒危等级 广东：DD

形态特征：根状茎伸长，匍匐，肉质，茎状，具节。茎直立，圆柱形，具3~4枚叶。叶片卵形或卵状椭圆形，在花开放时凋萎。总状花序，具数朵疏生的花；花较小，深黄色；萼片分离，无毛；中萼片倒卵形，内凹，与花瓣粘合成兜状；侧萼片近倒卵形；花瓣长圆形；唇瓣呈T形，深黄色，3深裂，基部凹陷呈囊状，囊内两侧各具1枚角状胼胝体。蒴果直立，圆柱形；种子两端具翅。花期3—5月。

产地：深圳、紫金。

分布：香港、台湾、云南。不丹、印度、日本、马来西亚、缅甸、尼泊尔（模式标本采集地，*N. Wallich 7380*，K000942795）、泰国、越南。

生境：林下阴湿处。

233．白花线柱兰 *Zeuxine parviflora*（Ridl.）Seidenf.

濒危等级 环境保护部和中国科学院（2013）：LC；广东：VU

形态特征：根状茎伸长，匍匐，具节。茎直立，圆柱形，淡紫褐色，具3~5枚叶。叶片卵形至椭圆形，花开放时常凋萎，向下垂。花茎长10~15cm，被毛。总状花序，具3~9朵花；花苞片淡红色，卵状披针形；花较小，白色；萼片背面被柔毛，中萼片卵状披针形或卵形；侧萼片长圆状卵形；花瓣白色，近倒披针形长圆形；唇瓣呈T形，除基部为黄色外其余部分为白色。花期2—4月。

产地：深圳、英德、紫金。

分布：海南、香港、台湾、云南。柬埔寨、日本、老挝、马来西亚（Penang，模式标本采集地，*H. N. Ridley s.n.*，SING0046905）、菲律宾、泰国、越南、缅甸。

生境：林下阴湿处或岩石上覆土中。

234. 线柱兰 *Zeuxine strateumatica*（L.）Schltr.

濒危等级 环境保护部和中国科学院（2013）：LC；广东：VU

形态特征：根状茎短，匍匐。茎淡棕色，具多枚叶。叶淡褐色，无柄，具鞘抱茎，叶片线形至线状披针形。总状花序，具几朵至20余朵密生的花，花序梗极短；花苞片卵状披针形，红褐色；花小，白色或黄白色；中萼片狭卵状长圆形，凹陷；侧萼片为偏斜的长圆形；花瓣歪斜，半卵形或近镰状；唇瓣肉质或较薄，舟状。蒴果椭圆形，淡褐色。花期春、夏季。

产地：广州、连州、深圳、英德、云浮。

分布：福建、广西、海南、香港、湖北、四川、台湾、云南。阿富汗、柬埔寨、印度、日本、老挝、马来西亚、缅甸、新几内亚、菲律宾、斯里兰卡（模式标本采集地，*P. Hermann s.n.*，BM000621635）、泰国、越南，以及太平洋群岛，逸生至美国和阿拉伯地区。

生境：草坪或潮湿草地。

参考文献 References

柴胜丰，蒋运生，韦霄，等，2010. 濒危植物合柱金莲木种子萌发特性 [J]. 生态学杂志，29（2）: 233-237.

陈红锋，张荣京，周劲松，等，2011. 濒危植物乐东拟单性木兰的分布现状与保护策略 [J]. 植物科学学报，29（4）: 452-458.

陈利君，刘仲健，2011. 深圳拟兰，中国兰科一新种 [J]. 植物科学学报，29（1）: 38-41.

陈庆山，2013. 水蕨的生物学特性观察和人工繁育探索 [D]. 福州 : 福建农林大学 .

陈心启，1999. 柄唇兰属 . In: 吉占和，中国植物志 [M]. 北京 : 科学出版社 : 60-61.

陈易展，刘蔚漪，张玉薇，等，2018. 南方红豆杉濒危现状分析与保护对策 [J]. 林业勘察设计，（3）: 66-69.

陈雨晴，王瑞江，朱双双，等，2016. 广州市珍稀濒危植物水松的种群现状与保护策略 [J]. 热带地理，36（6）: 944-951.

陈雨晴，朱双双，王刚涛，等，2017. 极小种群植物水松群落系统发育多样性分析 [J]. 植物科学学报，35（5）: 667-678.

陈远征，马祥庆，冯丽贞，等，2006. 濒危植物沉水樟的种群生命表和谱分析 [J]. 生态学报，26（12）: 4267-4272.

陈宗游，柴胜丰，谭萍，等，2016. 濒危植物合柱金莲木伴生群落特征 [J]. 广西科学院学报，32（1）: 6-14.

程治英，刘道华，1992. 中华桫椤的组织培养 [J]. 植物生理学通讯，28（3）: 210-211.

程治英，张风雷，兰芹英，等，1991. 桫椤的快速繁殖与种质保存技术的研究 [J]. 云南植物研究，13（2）: 181-188.

董元火，王青锋，2011. 中国濒危水生蕨类植物研究进展 [J]. 武汉大学学报（理学版），57（4）: 335-342.

杜红红，李杨，李东，等，2009. 光照、温度和 pH 对小黑桫椤孢子萌发及早期配子体发育的影响 [J]. 生物多样性，17（2）: 182-187.

范芝兰，潘大建，陈雨，等，2017. 广东普通野生稻调查、收集与保护建议 [J]. 植物遗传资源学报，18（2）: 372-379.

高浦新，李美琼，周赛霞，等，2013. 濒危植物长柄双花木（Disanthus cercidifolius var. longipes）的资源分布及濒危现状 [J]. 植物科学学报，31（1）: 34-41.

国家林业局，农业部，1999. 国家重点保护野生植物名录（第一批）[EB/OL].（1999-08-04）[2001-08-04].http://www.forestry.gov.cn/yemian/minglu1.htm.

国家林业局，2009. 中国重点保护野生植物资源调查 [M]. 北京 : 中国林业出版社 : 282 .

国家林业局，2017. 中国主要栽培珍贵树种参考名录（2017 版）. [EB/OL].（2017-11-03）[2017-11-09]. http://www.forestry.gov.cn/main/4818/content-1045202.html.

何克军，李意德，2005. 广东省国家 I 级重点保护野生植物资源现状及保护策略 [J]. 热带亚热带植物学报，13（6）: 519-525.

环境保护部，中国科学院，2013. 中国生物多样性红色名录—高等植物卷 [EB/OL].（2013-08-04）[2016-02-16]. https://wenku.baidu.com/view/1a86d279284ac850ac02421f.html

黄明忠，刘芝龙，王清隆，等，2014. 海南兰科植物 2 新记录属 8 新记录种 [J]. 热带作物学报，35（1）: 138-141.

黄卫昌，周翔宇，倪子轶，等，2015. 基于标本和分布信息评估中国虾脊兰属植物的濒危状况 [J]. 生物多样性，23（4）: 493-498.

黄钰倩，李想，周亚东，等，2017. 基于核基因 LEAFY 的中国珍稀濒危植物中华水韭的遗传多样性分析 [J]. 植物科学学报，35(1): 73-78.

吉占和，1982. 国产兰科二新种 [J]. 云南植物研究，4（3）: 267-270.

金效华，杨永，2018. 中国生物物种名录第一卷植物：种子植物（I）裸子植物 被子植物（莼菜科—兰科）[M]. 北京 : 科学出版社 : 372.

阚显照，郭志春，杨建课，等，2009. 极度濒危植物中华水韭的保护遗传学研究进展 [J]. 科技导报，27（7）: 97-101.

李西贝阳，付琳，王发国，等，2017. 极小种群植物广东含笑应当被评估为极危等级 [J]. 生物多样性，25（1）: 91-93.

李辛雷，2012. 杜鹃红山茶遗传多样性及其濒危机制 [D]. 北京 : 中国林业科学研究院 .

梁世春，陈成斌，梁云涛，等，2013. 广西药用野生稻资源调查收集与保护建议 [J]. 植物遗传资源学报，14（6）: 991-995.
林金星，胡玉熹，王献溥，等，1995. 中国特有种长苞铁杉的生物学特性及其保护 [J]. 生物多样性，3（3）: 147-152.
刘仲健，陈利君，刘可为，等，2009. 气候变暖致使墨兰（Cymbidium sinense）野外种群趋向灭绝 [J]. 生态学报，29（7）: 3443-3455.
刘仲健，2016. 兰科 Orchidaceae. In: 李沛琼，深圳植物志 [M]. 北京 : 中国林业出版社 : 524-590.
罗文，许涵，李意德，等，2010. 海南岛尖峰岭卵叶樟种群结构与分布格局动态研究 [J]. 林业科学研究，23（5）: 787-790.
罗文，余传文，李意德，等，2009. 海南岛尖峰岭国家重点保护植物卵叶樟的现状及保护 [J]. 安徽农业科学，37（11）: 5218-5220.
马乃训，陈光才，张文燕，2006. 中国特产濒危保护竹种及标准探讨 [J]. 林业科学，42（6）: 56-60.
缪绅裕，曾庆昌，王厚麟，等，2014. 广东仁化篦子三尖杉种群及其生境特征研究 [J]. 林业资源管理（2）: 98-104.
缪绅裕，陈志明，李晓杰，等，2013. 南岭大东山火烧迹地长柄双花木种群特征 [J]. 林业资源管理（6）: 88-93.
缪绅裕，王厚麟，黄金玲，等，2008. 粤北和粤东北若干珍稀濒危野生植物的种群特征 [J]. 热带亚热带植物学报，16（5）: 397-406.
庞新安，刘星，刘虹，等，2003. 中国三种水韭属植物的地理分布与生境特征 [J]. 生物多样性，11（4）: 288-294.
彭少麟，廖文波，李贞，等，2011. 广东丹霞山动植物资源综合科学考察 [M]. 北京 : 科学出版社 : 235.
任海，张倩媚，王瑞江，2016. 广东珍稀濒危植物的保护与研究 [M]. 北京 : 中国林业出版社 : 149 .
申仕康，刘丽娜，王跃华，等，2012. 濒危植物猪血木人工繁殖幼苗的遗传多样性及对种群复壮的启示 [J]. 广西植物，32（5）: 644-649.
宋莉英，李晓娜，潘晓婷，2015. 濒危植物七指蕨的孢子萌发和光合特性研究 [J]. 广州大学学报（自然科学版），14（6）: 31-35.
覃海宁，赵莉娜，于胜祥，等，2017. 中国被子植物濒危等级的评估 [J]. 生物多样性，25（7）: 745-757.
陶翠，李晓笑，王清春，等，2012. 中国濒危植物华南五针松的地理分布与气候的关系 [J]. 植物科学学报，30（6）: 577-583.
童毅，2019. 白赤箭，中国大陆天麻属记录种 [J]. 热带亚热带植物学报，27（3）：327-330.
王金娟，张宪春，刘保东，等，2007. 桫椤科三种植物配子体发育的研究 [J]. 热带亚热带植物学报，15（2）: 115-120.
王瑞江，2017. 广东维管植物多样性编目 [M]. 广州 : 广东科技出版社 : 372.
韦红边，吕享，高晓峰，等，2017. 兰科药用植物杜鹃兰的研究进展 [J]. 贵州农业科学，45（7）: 88-92.
魏亚情，洪峰，袁浪兴，等，2017. 海南特有濒危植物石碌含笑的分布现状与种群年龄结构特征 [J]. 热带作物学报，38（12）: 2280-2284.
吴翠，2005. 水蕨濒危机制的生态学研究 [D]. 武汉 : 武汉大学 .
吴文和，谌金吾，2016. 国家二级保护植物金毛狗分株栽培技术 [J]. 耕作与栽培（6）: 63-64.
肖荣高，张应明，吴林芳，等，2017. 濒危植物观光木的研究现状及展望 [J]. 绿色科技（21）: 106-107.
徐晓婷，杨永，王利松，2008. 白豆杉的地理分布及潜在分布区估计 [J]. 植物生态学报，32（5）: 1134-1145.
徐艳，石雷，刘燕，等，2004. 大叶黑桫椤孢子的无菌培养 [J]. 植物生理学通讯，40（1）: 72.
杨晓丽，邢福武，陈树钢，等，2013. 广东省南昆山自然保护区厚叶木莲的群落特征研究 [J]. 热带亚热带植物学报，21（4）: 356-364.
杨永，王志恒，徐晓婷，2017. 世界裸子植物的分类和地理分布 [M]. 上海 : 上海科技出版社 : 1223 .
曾庆文，周仁章，刘银至，等，1999. 濒危植物厚叶木莲的群落学特征及其保护 [J]. 热带亚热带植物学报，7（2）: 109-119.
张莉，张小平，2005. 安徽短萼黄连种群特性及其濒危机制探讨 [J]. 应用生态学报，16（8）: 1394-1398.
张莎，乔琦，王美娜，等，2016. 珍稀濒危植物伯乐树的研究进展 [J]. 福建林业科技，43（4）: 224-229.
BARRETTO G，CRIBB P，GALE S，2011. The wild orchids of Hong Kong[M]. Kota Kinabalu: Natural History Publications（Borneo），in association with Kadoorie Farm & Botanic Garden, 715.
CHEN J R，STEVENSON D W，1999. Cycadaceae. In: Wu Z Y，Raven P H，Flora of China[M]. Beijing: Science Press & St. Louis: Missourri Botanical Garden Press, 4: 1-7.
CHEN X Q，CRIBB P J，GALE S W，2009a. Calanthe. In: Wu Z Y，Raven P H，Flora of China[M]. Science Press，Beijing &

Missouri Botanical Garden Press，St. Louis, 25: 292-309.

CHEN X Q，GALE S W，CRIBB P J，2009b. Acanthephippium Blume. In: Wu C Y，Peter P R，Flora of China[M]. Science Press，Beijing & Missouri Botanical Garden Press，St. Louis, 25.

CHEN X Q，WOOD J J，2009a. Orchidacee: Podochilus. In: Wu Z Y，Raven P H，Flora of China[M]. St. Louis: Missouri Botanial Garden Press & Beijing: Science Press, 25: 365.

CHEN X Q，WOOD J J. 2009b. Orchidacee: Sedirea. In: Wu Z Y，Raven P H，Flora of China[M]. St. Louis: Missouri Botanial Garden Press & Beijing: Science Press, 25: 484-485.

CHEN Z L，ZENG S J，WU K L，et al.，2010. Dendrobium shixingense sp. nov.（Orchidaceae）from Guangdong，China[J]. Nordic Journal of Botany，28: 723-727.

CHRISTENHUSZ M J M，REVEAL J L，FARJON A，et al.，2011. A new classification and linear sequence of extant gymnosperms[J]. Phytotaxa，19: 55-70.

CHRISTENSON E A，1985. The generic reassignment of Hygrochilus subparishii Tsi（Orchidaceae: Sarcanthinae）[J]. Taxon: 516-518.

CLAYTON D，CRIBB P，2013. The genus Calanthe[M]. Kota Kinabalu: Natural History Publications（Borneo）, 411.

DENG X F，ZHANG D X，2006. Three new synonyms in Mussaenda（Rubiaceae）from China[J]. Acta Phytotaxonomica Sinica，44（5）: 608-611.

HU A Q，TIAN H Z，XING F W，2009. Cephalanthera nanlingensis（Orchidaceae），a New Species from Guangdong，China[J]. Novon，19（1）: 56-58.

IUCN，2001. IUCN red list categories and criteria: version 3.1. IUCN species survival commission. IUCN[M]. Oxford: Information Press.

IUCN，2012a. Guidelines for application of IUCN Red list Criteria at regional and national levels，version 4.0[M]. Oxford: Information Press.

IUCN，2012b. IUCN red list categories and criteria: version 3.1. Second edition[M]. Gland，Switzerland and Cambridge，UK: IUCN. iv+32.

IUCN，2017. Guidelines for Using the IUCN Red List Categories and Criteria. Version 13[M]. Prepared by the Standards and Petitions Subcommittee of the IUCN Species Survival Commission.

JIN W T，XIE G G，YANG C T，et al.，2015. Platanthera nanlingensis（Orchidaceae），a new species from Guangdong Province，China[J]. Annales Botanici Fennici，52（5-6）: 296-300.

KOCYAN A，SCHUITEMAN A，2014. New combinations in Aeridinae（Orchidaceae）[J]. Phytotaxa，161（1）: 61-85.

LANG K Y，SIU L P，2002. A new species of Anoectochilus Blume（Orchidaceae）from China[J]. Journal of Systematics and Evolution，40（2）: 164-166.

LIU Q X，ChENG Z Q，TAN H Y，et al.，2015. Morphological comparisons of two pairs of easily confused species in subtribe Goodyerinae（Cranichideae；Orchidaceae）[J]. Phytotaxa，202（3）: 207-213.

LIU Z J，ChEN L J，LIU K W，2012. Neuwiedia namipoensis，a new species（Orchidaceae，Apostasioideae）from Yunnan，China[J]. Novon，22（1）: 43-77.

LIU Z J，ChEN S C，RU Z Z，2007. Vanilla shenzhenica Z. J. Liu & S. C. Chen，the first new species of Orchidaceae found in Shenzhen，South China[J]. Acta Phytotaxonomica Sinica，45（3）: 301-303.

ORMEROD P，2007. Orchidaceous Additions to the Flora of China and Vietnam（II）[J].Taiwania，52（4）: 307-314.

PENG H，EDMONDS J，2008. Toona（Endlicher）M. Roemer. In: Wu C Y，Raven P H，Flora of China[M]. Beijing: Science Press & St. Louis: Missouri Botanical Garden Press，11: 112-115.

RIDSDALE C E，1978. The taxonomic position of Dunnia（Rubiaceae）[J]. Blumea，24: 367-368.

THE ANGIOSPERM PHYLOGENY GROUP，2016. An update of the Angiosperm Phylogeny Group classification for the orders and families of flowering plants: APG IV[J]. Botanical Journal of the Linnean Society，181（1）: 1-20.

THE PTERIDOPHYTE PHYLOGENY GROUP，2016. A community-derived classification for extant lycophytes and ferns[J]. Journal of

Systematics and Evolution，54（6）: 563-603.

TIAN H Z，HU A Q，LIU Q X，et al.，2016. Liparis tsii: a new species of Orchidaceae（tribe Malaxideae）from Guangdong，China with its phylogenetic position[J]. Plant Biosystems，150（6）: 1225-1232.

TIAN H Z，TSUTSUMI C，XING F W，2012. A new species of Liparis（Malaxideae: Orchidaceae）from Guangdong，China，based on morphological and molecular evidence[J]. Journal of Systematics and Evolution，50（6）: 577.

TIAN H Z，XING F W，2008. Chamaegastrodia nanlingensis（Orchidaceae），a New Species from Guangdong，China[J]. Novon，18（2）: 261-163.

TSO C L，1933. Notes on the Orchid Flora of Kwangtung[J]. Sunyatsenia，1（2-3）: 131-156.

XIA N，LIU Y，Nooteboom H P，2008. Magnoliaceae. In: Wu Z Y，Raven P H，Flora of China[M]. Beijing: Science Press & St. Louis: Missouri Botanical Garden Press, 7: 48-91.

YAN Y H，ZENG Q W，XING F W，2004. Michelia guangdongensis（Magnoliaceae），a new species from China[J]. Annales Botanici Fennici，41（6）: 491-493.

YE Q L，LI Y F，ZHONG Z M，et al.，2018. Platanthera guangdongensis and P. zijinensis（Orchidaceae: Orchideae），two new species from China: Evidence from morphological and molecular analyses[J]. Phytotaxa，343（3）: 201-213.

YIN Y Y，ZHONG P S，ZHANG G Q，et al.，2016. Morphological，genome-size and molecular analyses of Apostasia fogangica（Apostasioideae，Orchidaceae），a new species from China[J]. Phytotaxa，277（1）: 59-67.

ZHAI J W，ZHANG G Q，CHEN L J，et al.，2013. A New Orchid Genus，Danxiaorchis，and Phylogenetic Analysis of the Tribe Calypsoeae[J]. PLoS ONE，8（4）: e60371.

ZHOU X X，CHENG Z Q，LIU Q X，et al.，2016. An updated checklist of Orchidaceae for China，with two new national records[J]. Phytotaxa，276（1）: 1-148.

中文名索引

Chinese Name Index

拉丁学名索引
Scientific Name Index

A

B

C

D

E

F

G

H

I

L

M